不抛弃，不放弃的员工行为准则；
不冲动，不盲动的职场工作戒律。

别以为下一份工作会更好

BIEYIWEIXIAYIFEN
GONGZUOHUIGENGHAO

与其不停跳槽找工作，不如勤奋努力干工作。

冰　洁◎著

下一份工作不一定会更好，**下一个**行业不一定更理想，**换工作**不如换思维！

中国言实出版社

图书在版编目(CIP)数据

别以为下一份工作会更好 / 冰洁著.
— 北京 ：中国言实出版社，2012.12
ISBN 978-7-5171-0044-7

Ⅰ.①别… Ⅱ.①冰… Ⅲ.①成功心理一青年读物
Ⅳ.①B848.4-49

中国版本图书馆 CIP 数据核字(2012)第 293182 号

责任编辑:李　生　孙法平

出版发行　中国言实出版社
地　址:北京市朝阳区北苑路 180 号加利大厦 5 号楼 105 室
邮　编:100101
电　话:64924716(发行部)　51147960(邮　购)
64924853(总编室)　56423695(编辑部)
网　址:www.zgyscbs.cn
E-mail:zgyscbs@263.net

经　　销　新华书店
印　　刷　北京市德美印刷厂
版　　次　2013 年 1 月第 1 版　2013 年 1 月第 1 次印刷
规　　格　710 毫米×1000 毫米　1/16　13.25 印张
字　　数　180 千字
定　　价　32.00 元　ISBN 978-7-5171-0044-7

前言

关于换工作,业内人士分析道,它是现代社会观念的一种进步,在一定程度上,合理的换工作能促进社会人力资源的合理流动和有效配置。不过,别以为下一份工作会更好,虽然跳槽是人的职场生涯中必须要经历的事情,如果你的职称、薪水等始终没有提升,自身的职场前途也碰到了瓶颈而无法很好发展,选择跳槽是非常有必要的。但是机遇与风险永远都是一对孪生兄弟,有机遇的地方必定会有风险存在。

别以为下一份工作会更好,不如你现在的工作也极有可能。年轻人容易和别人去比,总想着找一份更高薪的工作让人刮目相看。但一味地把未来的发展寄希望于跳槽,眼红别人的收入、待遇只会让自己更加浮躁。某咨询公司针对跳槽进行了一次问卷调查,问卷问题包括:参与调查者对现在的情况的描述,包括对自己工作的每个方面是否满意,满意的程度,是否正在打算下一次跳槽;从前跳槽或想要跳槽的原因,比如对现在的工作在薪金、工作环境等方面不满意?或是追求更好的薪水和职位;还有被调查者关于职业方面的困惑。从中可以发现他们对自己跳槽的经历是否满意,还存在什么问题。通过调查后发现,60%的跳槽者在跳槽以后产生了挫败感,认为自己的跳槽是失败的,并且有12%的跳槽者在新公司未能通过试用期。这一调查数字为准备要跳槽的职场人士敲响了警钟,跳槽或许会给你带来新的机遇,但是你也要准备好迎接更大的风险。

因此,别以为下一份工作会更好。现代社会,一个人的工作方式在很大程度上决定了他的生活方式,职场人士更应该慎重对待跳槽,学会全面、系统地看待职业变换问题,清楚自己到底看重什么?究竟想要得到什么?自己职业发展的目标是什么?全面衡量跳槽对提升自己的知识、经验、技能有无益处,看其是否有利于自身的长远发展,而不是看一时的薪资高低、工作环境的好坏而下决定。所以在跳槽以前或者在跳槽以后都应该首先找出自己突围的路线,而不是想进行突围时却找不到路在何方。

收入太低,发展渺茫,这是职场白领们使用最多的一条跳槽理由。不过,频繁跳槽对于职场中人是一种负面影响,特别是对于职场新人来说,因为他们正处于事业的起步阶段,频繁跳槽会使自己在各方面的能力无法得到积累,同时给应聘单位留下不踏实、不稳重的印象,使自己总是在一个较低的平台中徘徊不前。同时,跳槽之后是否可以适应新的工作环境这还是一个未知数。其实,换种思维看工作,就会发现拓展工作空间比跳槽更重要。只有积极适应岗位,才会成为最合适的职业人。所以,与其改变工作,不如改变自己。立足于本岗位,把自己的工作认真地做好,遇到困难想办法,才能有益于你的职业发展。

别以为下一份工作会更好是一种成熟的工作理念和戒律。所以,本书告诉你:换一份工作不如干好手头的工作更有意义、更有前途。本书适合各行各业作为企业员工培训教材,也适合渴望在职场取得成功的职场人士学习。

目录 Contents

第三章 别让打工心态害了你，工作是为老板更是为自己

与其抱怨工作，不如改变自己。在这个世界上，没有卑微的工作，只有卑微的工作态度。既然已经选择了，那么就要对得起自己的选择，三心二意就是对自己不负责任，只有一心一意，才能有好结果。跳槽过于频繁的人，其实真正不满意的是自己，他们只有学会接纳自己、培养自我的信心，才能正视工作上的问题。如果我们摒弃消极的打工心态，成就老板心态、树立主人翁精神，就会有更多的机会，更多的财富。

第四章 爱岗敬业，做好本职工作是成功的根基

做好本职工作是职业生涯成功的根基，善待工作是我们的一种责任。找到一份工作不容易，每一份工作都值得珍惜。工作不仅是我们安身立命之本，也是实现自我价值的舞台。没有工作，我们的一切都无从谈起。而频繁跳槽决定了一个人在岗位上只能是“蜻蜓点水”，想的不是好好工作，而是另谋高就。频繁跳槽留给无数个老板扬长而去的背影，潇洒走一回之后，换来

的是漫长辛酸的求职之路。

第五章 不要攀比薪水，机会比薪水更重要

年轻人容易和别人去比，总想着找一份更高薪的工作让人刮目相看。事实上，最初薪水高的人在未来的发展未必比起点低的人好。更重要的是，不同行业，不同职能岗位，没有什么可比性，盲目地比较，只会让自己心态失衡。为了“待遇”或“环境”而过频地“跳槽”，对于员工来说，是不足取的。对于年轻人来说，个人的发展机会是其中最重要的，因为它意味着你未来的薪酬。没有几个成功者一开始就站在事业之巅，他们也曾拿过极低的薪水。职业发展就像跑马拉松，短时间的比较没有意义。

第六章 掌握正确的工作方法，创造自己的职场价值

工作中没有解决不了的问题，只有不会用智慧去把问题解决的人。凡事必有方法去解决。正确的方法是做好工作的重要保证。掌握了正确的工作

方法，往往能收到事半功倍的效果。如果你有实力，开动脑筋好好工作吧，是金子到哪都会发光的。一个优秀员工应该勤于思考，善于动脑，分析问题和解决问题，找出巧妙的解决办法，而不是一味出蛮力，事倍功半。

第七章 与其跳槽，不如成为公司中不可替代的人

成绩是做出来的，不是“跳”出来的。频繁跳槽，实不足取。现实中有些人几乎是在不断地跳槽，而且往往跨行业跳槽，或者跨职位跳槽。这种跳法，十有八九到最后一事无成，一把年纪还要跟后辈去人才市场竞争。有句话叫“板凳要坐十年冷”，就是说要十年、几十年如一日地刻苦钻研、埋头工作，才能使自己不断提高、进步。如果终日见异思迁，这山望着那山高，心思不定，坐凳不热，怎么能提高自己呢？

第八章 与公司一起成长，做个跳槽终结者

有的人频繁跳槽，美其名曰“寻找适合自己的平台”，其实这个世界上很难存在为你量身定做的平台，更多的时候，成功的职场人士都是在一定的基

础上和公司共同打造这个平台。公司的发展与你的前途息息相关,你为公司服务,公司为你创造发展的机遇,在公司成长的过程中,你也迈上了一个又一个新台阶。如果一味为了个人的利益而不安心工作,频繁跳槽,不但做不好工作,还会影响自己的形象和声誉,使用人单位对你侧目而视。

附 录

第一章

别以为下一份工作会更好，跳来跳去阻碍发展

很多人都认为，“树挪死，人挪活”，跳槽会给你带来新的职位和更高的薪金。但不是所有人的跳槽轨迹都是如此平步青云。跳槽要讲究一个“度”。如果频繁跳槽，对业务刚有点熟悉，又去了新的单位，有的还变换了工种、专业，又要重起炉灶重开张。跳来跳去，始终处在陌生的工作环境之中，不断需要从头开始、重新学习，这对工作是极为不利的。

1. 职场人易患“频繁跳槽”症

这是一个跳槽的时代，据北京近百家用人单位的统计资料显示，大学毕业生毕业后头3年内的跳槽率高达70%。而据某门户网站的一项随机调查，在受访的2114人中，有49.19%的人自工作以来跳槽跳过1～2次，43.07%的人跳槽跳过2～4次，跳槽跳过的次数在4～8次的人占6.37%，至于跳槽跳过8次以上的人则有1.37%。有的人认为跳槽这个事没有碍着谁，也没有触犯任何法律法规，因此，可以想怎么跳就怎么跳，想什么时候跳就什么时候跳。中山大学MBA中心某教授说：“变换工作在这个时代虽然已是大势所趋，但换工作的次数应该有个度，过于频繁的跳槽这是不正常的现象。”职业专家也常说，过于频繁跳槽并不利于职业的发展。

王小姐是一个典型的“频繁跳槽族”。毕业3年来，她跳槽达16次之多，有私企、国企和外企，时间短的只有6天，工作最长的一家是8个月。毕业后在家人托关系帮助下，进了一家国企单位，王小姐觉得稳定而单调生活不适合自己，于是决定闯一闯；当辞职后到一家私企工作的时候，她嫌公司太小，忙的时候累死人，闲的时候要看老板的脸色；经熟人介绍，从私企跳槽到了外资公司，发现那里的规矩多得离谱，节奏快得令自己喘不过气来，大压力之下终日战战兢兢，自然干了没多久……

在稀里糊涂中王小姐不断重复着求职——辞职——再求职的恶性循环，她先后进入过广告、服装、培训、厨具、期货、化妆、

眼镜、物流、保险、企业管理、房产中介等跨度很大的行业，而从事过的职位也不尽相同，有外贸跟单、销售、前台、行政、培训专员、招聘专员、部门助理。

入职、离职、入职、离职……在职场中，很多人在很短的时间里将这两个过程不断重复，于是，大家形象地说这类人是频繁跳槽者。当你频繁跳槽的时候，对于你自己来说，肯定是弊大于利。因为任何一项工作如果没有经过3个月根本就谈不上上手，要想达到熟能生巧的地步没有一年以上也是不可能的，对于一个企业的了解没有半年以上，也只能是感性的认识，没有3年的行业积累要想在这个行业有所成就根本就是自欺欺人。

所以，频繁跳槽，其弊端是显而易见的。第一，对工作不利。一个人到一个单位报到后，从接受任务到熟悉业务，要有一个过程。想在工作中做出成绩，有所建树，需要的时间更长。如果频繁跳槽，对业务刚有点熟悉，又去了新的单位，有的还变换了工种、专业，又要重起炉灶重开张。跳来跳去，始终处在陌生的工作环境之中，不断需要从头开始、重新学习，这对工作是极为不利的。第二，对自己的进步不利。要做好一件事，都要全身心地投入。有句话叫"板凳要坐十年冷"，就是说要十年、几十年如一日地刻苦钻研、埋头工作，才能使自己不断提高、进步。如果终日见异思迁，这山望着那山高，心思不定，坐凳不热，怎么能提高自己的业务能力呢？如果一味为了个人的利益而不安心工作，频繁跳槽，还会影响自己的形象和声誉。第三，对用人单位不利。用人单位把任务交给你，指望你挑大梁，担主角，而你却半途而废，撒手而去，岂不要给用人单位带来麻烦，有时还会造成损失呢。

小曹是一个典型的频繁跳槽者。在职场中，既体验到了"想跳就跳"的痛快，也体验到了频繁跳槽带给他的尴尬。

"我大学学的是工商管理专业，2007年毕业至今我已经换了4份工作了，其实我也很想找一份合适的工作做到退休，可是现实中真的很难做到这点，几次的跳槽经历，其中有我自己的问题也有公司方面的问题。每次公司的招聘人员看到我简历上一大堆的工作经历总是表情很怪异，于是，有的人力资源经理便看着我的简历，追问我每份工作不做的原因，真的很无奈。"

频繁跳槽是很多职场新鲜人的就业实态。一位资深的企业高级管理人员将员工的这种频繁跳槽很形象的比喻为“职业自杀”，并且把三年内两次以上跳槽称为“爆炸式自杀”。一般来说，五年内三次跳槽基本上属于“职业自杀”，最终会使自身面临“职业枯竭”。人才成长是有规律的，通常情况下，在一个职位上工作达三年，才能很好地掌握本职位所需要的关键能力，包括知识和经验的必要积累、技能的提高，才能熟悉本行业及其本企业的业务流程；在一个企业工作至少达三年以上，才能对企业的经营管理现状及其战略、企业文化等等诸多问题有较深入的了解，在此基础上，工作起来才会游刃有余、应付自如，人的潜能才会最大限度地释放出来，无论是所实施的问题解决方案还是研发创新都会极具针对性、创造性、有效性，最终在员工最大限度地实现自我价值的同时，实现企业价值最大化。因此，员工频繁跳槽非常不利于其自身工作经验的积累和职业技能的提升，这种工作的不连续性，会致使频繁跳槽的员工丧失很多提升的机会。

因此，成绩是做出来的，不是“跳”出来的。别以为下一份工作会更好，频繁跳槽，实不足取。如果你的跳槽是冷静后的理性抉择，那么，这样的跳槽对职场人来说，是漫长职业生涯中的一个台阶。如果你患上了频繁跳槽的症状，那么可要小心了。

2.

高薪绝不是频繁跳槽的结果

换工作如今几乎成了时尚，特别是在“金九银十”的躁动季节，人们对工作稍有不满意就理直气壮炒老板鱿鱼。换工作很大的原因往往是希望更高的薪水，许多人一听到比自己目前薪酬高很多的岗位，就跃跃欲试，也不管自己能不能胜任新的工作岗位，是不是有助于自己今后职业生涯

的发展。但他们不知道，频繁跳槽的后果不但追求不到高薪，往往还会斩断自己的“高薪梦”。

李勇大学期间学的是电气工程及其自动化专业，和大多数的大学生一样，他希望自己在毕业前能够找到一份理想职业——符合自己的专业、薪水高、工作舒适，可天上不会掉馅饼。在毕业前的半年多的时间里，他四处频发简历，可结果都是肉包子打狗——有去无回。一直奔波到毕业时，他的工作依然没有个着落。

后来，在熟人的介绍下，他获得一份设备维护的工作。可是，刚上岗不到一年时间，他就厌烦了这份工作，觉得这份工作薪水低、工作量大、环境枯燥乏味，而且公司规模小，没有发展前景。于是，他就跳槽到另一家公司做了现场管理的工作，经常被派驻外地出差。在这个岗位上工作了两年多点的时间，他觉得自己年龄渐渐增长了，长期漂泊在外连个对象都找不到，而且薪水也不高。于是，他又换了工作到现在的公司从事质量监控工作。但是，在新公司刚上岗不到一年，刚熟悉了新的环境，他又觉得厌倦了，因为频繁跳槽，他的薪水依然停留在原来公司的那个水平线上，而且觉得领导并不好接触，于是，他又想着换工作。

李勇在四年之内跳了三次槽，他本想通过跳槽获得更高的待遇，但一路跳着过来，他发现自己的待遇并没有高多少，而且更要命的是自己始终停留在小职员的岗位上。回头看看跟自己同时起步，踏实工作的同学和朋友，他发现他们的职业发展得都比自己好。

李勇会遭遇这样的处境，关键在于他没有系统的职业规划，不清楚什么时候该跳槽，什么时候不该跳槽。而这样做的结果，就是一直停留在平级的岗位上，尽管期间薪水会有小幅度的增长，但回过头看看同时起步的人，会发现自己落后于他们一大截。工作中，有些员工总以为下一份工作会更好，总找不准自己的位置。他们中大部分是只考虑经济效益、物质待遇、职业热门、是否体面等，而没认真考虑自己是否适合这份工作。其实，高薪绝不是频繁跳槽的结果。可见，跳槽是存在一定风险的，并不是每个跳槽者都能在新的职业和新的环境下满足原先的心理预期，跳槽者几家欢乐几家愁的情况也很常见，因此，别以为下一份工作会更好。

“职场如战场，看起来风平浪静的职场上，其实处处存在陷阱，每一个打算换工作的员工都要对跳槽做充分的风险预测，做到谋定而后动，千万不要一时冲动而意气用事。”著名职业分析师洪向阳如是说。洪向阳认为，对大学毕业生而言，特别要控制跳槽次数，工作的最初 3 至 5 年应避免盲目跳槽，因为这是一个练基本功的时期。就像我们小学一至五年级主要是学习语言、计算与写字，工作的最初三五年也就是练基本的职业技能，如熟悉工作的流程、学习与人相处合作的基本要点、服务上司的思路以及按轻重缓急安排自己手头工作的能力等等。只有能力上去了，薪水才能上去。

王扬是某集团信息总监，正当他在某大酒店干得热火朝天之际，某猎头公司来电，称有一家中德合资的制药企业急聘信息部经理，开出的工资是他原来的一倍。王扬在还没搞清楚实际工作性质的前提下，被利益冲昏了头，急急忙忙辞了职。然而一到新岗位，他立刻就傻了。做的工作是以前从没有涉足的行业，还得从头学起。虽然名义上是经理，但事无巨细，都要向老板请示汇报，连买个电脑鼠标都要老板亲自点头，不够乖巧的他在试用期内就被炒了鱿鱼。

高薪常常是换工作的一大诱惑，很多的职业人在高薪的诱惑之下，盲目跳槽，结果却是跳进了死胡同。王扬所从事的行业是服务行业，他在服务行业或相关行业继续发展可能前途无量，跳槽到了自己从未涉足的行业，首先就是一步险棋，更何况连公司的情况都没弄清楚。职场如战场，没有深谋远虑，职业发展的航船就会随时搁浅。诱人的高薪摆在面前时，很少有人不动心的。在职场上，为高薪诱惑而跳槽的人比比皆是。但是，面对高薪的诱惑而盲目地换工作，遇到的可能会是陷阱，而不是馅饼。

对于员工来说，在职业生涯中最可怕的是禁不住诱惑，只看到短期利益，为了高薪而忘了自己的职业取向。有时候，为了高薪而跳槽，与自己的职业取向完全相反，在新的公司干了没多长时间，就回到原来的职业起点，重新回到自己的职业规划中。这样不仅会失去很多的机会，还会浪费

自己很多的精力和时间。然而，在职场上，偏偏有很多员工经不起高薪的诱惑而盲目地跳槽，结果让自己进入"陷阱"，这是极为可怕的。

某名校动漫设计专业的小张在毕业后加入了上海一家知名的网络游戏开发公司。大公司的薪资福利水平受工作年资限制较多，刚入行的小张薪水并不是很高。由于网络游戏行业是个高速发展的行业，人才的缺口非常之大，刚工作两年的小张就常接到猎头公司的电话。市场人才紧缺加上对方公司急需人才，对方公司开出的薪水比他现在的薪水高50%以上。

半年后，在猎头的精心包装下，小张顺利跳槽去了新公司，职位和原来相比差不多，但薪水如他所愿高了不少。本来，小张的成功让大家都很羡慕，可刚工作两个月之后，小张有点泄气，并不时地回想在原来公司的种种好处。原来，小张以前的东家是一家新成立不久的网络游戏开发公司，无论对于刚入行的新人还是有一定工作经验的职场人士，都有比较完整的培训体制，公司技术平台是开放给各个设计工程师的，工程师本身也有很多学习提高的空间，对于自身的技术提高和能力发挥也很有帮助。而现在的这家公司是一家老牌的网络公司，按部就班地工作是维护公司正常运作的保证，对于工程师来说，只要天天做好自己手上的事情就好，每天就和工作机器一样地机械劳动，没有过多的机会去提高自己的技术。长此以往，工程师变成了高级操作工。对于有上进心的小张来说，这样的工作不是他所希望的，薪水是比较满意了，但工作环境和工作状况让他不甚满意。还很年轻的他不想就这样为了高薪而放弃学习提高的机会，做个大公司的"小螺丝钉"，现在他开始后悔自己当初做出的决定了。

对于小张来说，换工作本身并没有错，职场上不安于现状，为求得高薪跳槽，在当今是很平常的事。然而，跳槽要成功，一定要遵循职场的游戏规则。盲目地追求高薪水，不明确自己跳槽的目的是很不可取的。一个人还没在一家公司积累到一定的技术，就草草为薪水而跳槽，很可能带来职业生涯的倒退。因此，在跳槽之前一定要考虑清楚它是否会带来事业的提升,而事业的提升其实也必将带动薪酬的上升。如果换工作带来的仅是薪酬的上升,事业反而是下降的话,那么就应当尽量避免。

3. 正确看待下一份工作,莫让跳槽毁了你

俗话说得好:“人往高处走,水往低处流。”换工作在今天已经变得越来越频繁。几乎每一个跳槽者都会坚信“天生我才必有用”,相信自己的下一份工作会更好。但实际跳过之后,结果却与股市基本相同——就是七赔二平一赢。某职业咨询公司有份调查显示:60%的跳槽者在跳槽以后会产生挫败感,认为自己的跳槽是失败的,另外还有12%的跳槽者在新公司未能通过试用期,只有28%的跳槽者获得了较满意的成功。这告诫我们:其实下一份工作是存在着风险的。

刘先生是一家电子公司的部门经理,平时工作比较忙,但还算顺心。最近认识了一位外资电子企业的总经理。这位老总与他见面第一次就一见如故,坚决聘请他做自己的助理,薪水翻一番,加上其他优惠条件,很具吸引力。面对老总的再三邀请和优厚的条件,刘先生终于向自己目前的公司递交了辞职信。然而,那位老总毕竟是嘴巴上答应他的条件,在给他的正式聘请合同上列出的条件却十分苛刻,细细算来,还没有原来公司的待遇好,刘先生后悔莫及。

张小姐刚毕业半年,在一家广告公司做文案。她的一个在猎头公司工作的朋友为她介绍并帮她应聘了一份美资出口加工企业的总经理秘书工作。不日之内,张小姐真的拿到了录用通知。高兴之余,她也开始担心起来:我能做得了吗,可是放弃这

个机会又多可惜？几番往复，但她还是经不住那位猎头朋友的鼓动，辞职高就了。但是，接下来的两个月，她因为不懂基本的秘书技能，又加上不懂外贸函件的处理，工作陷入极度窘境，最终，她被辞退了。

以上两个案例都是盲目跳槽而失败的案例。专家建议，换工作切记要慎之又慎，必须做好自己的职业规划，否则你会一败涂地，毁了自己的前程！

在职场中，跳槽是一门学问，也是一种策略。跳槽犹如围城，没跳的人蠢蠢欲动，总看着跳了的人有多大的发展；跳了的人算计着得失，总怀念着过去公司的种种好处。如果你仅仅是因为羡慕人家进了“城”而去匆忙找个人“结婚”，那么“离婚”的日子也就在不远处等着你了。所以说，跳槽并不一定会给你带来更大的发展空间，越跳越糟的现象比比皆是。因此，每当你想换工作的时候，一定要三思而后行！

刘雷大学毕业后，就留校做辅导员，一年后，他觉得做老师太辛苦，工资又低。眼看着自己的同学能挣很多钱，见识更多的世面，他就下定决心不在学校干了。不久，他到了一家外企做文秘，刚开始的时候，他特别有热情，干得很好，经常受到领导的表扬，但是没多长时间，他就发现做秘书管事挺多，但是挣钱不多不说，还没有什么前途。

他看到自己的大学同学做销售发了大财，就觉得做销售不错，就立马辞去了文秘这份工作。但是，没干多长时间，他觉得老吃闭门羹，没有希望，就又想着跳槽了。这次，他应聘的是外企销售总监的助理，但是，他也只干了一年。后来，他觉得在公司里做高层挺好的，就去应聘一个小公司的副总经理，但是过了官瘾之后，他发现要想搞好自己的工作还真要有点本事，自己的工作一点起色都没有，就失去了信心，又想着找别的工作。等他在“登记表”中填写了自己的求职经历后，招聘单位看了他“丰富的经历”后，就放弃了他。

在职场中，正确的跳槽应该是人生的一次华丽转身，而不是让自己在跳槽中越跳越迷茫，越跳越杂乱无章。一有不满，就冲动地跳槽，这个不满意，那个也不合适，在不同岗位间跳来跳去，薪水和升迁都会成为问题，更糟糕的是很容易成为职场上打杂的。况且，跳槽也不是解决问题的办法，有问题应选择主动地沟通、协商，把自己的想法告诉领导和同事，这样才能防止因沟通不好而造成误会。这样才能让自己尽快冷静下来，以解决所遇到的问题，而不是冲动地选择下一份工作。

三年前，陈思萌本科毕业，因为她本人的实力较强，毕业后很快就找到一家不错的单位——一家外商独资的鞋业公司，她主要从事产品策划工作。以前读书的时候，她就是学校校报的编辑，写得一手好文章，人长得也很漂亮，在学校也算是风云人物。到了工作岗位，年轻的她就像一颗开心果，给部门带来了许多活力与快乐，使得同事们的工作热情都有所提高，领导也非常欣赏她，自然而然陈思萌也非常受重用。

在这家企业工作了大半年之后，陈思萌被另一家外企看中，出于对自己发展前景的考虑，她选择了跳槽。很快，她就在这家外企上岗了。刚开始，外企正规的管理和规范的统筹让她非常满意，可是工作不到4个月，陈思萌开始觉得朝九晚五的生活很无趣，最重要的是自己设计方案总是得不到认可，常常改了又改，最后上司还是不满意，最终定下来的方案却是她觉得“并不咋的”。这对陈思萌的自信心是个很大的打击。于是，她提交了辞职信。

就这样，陈思萌频繁跳槽，5年下来，她已经换了9份工作！前不久因为和领导在一些事情上有了点小矛盾，现在她又想着跳槽了。陈思萌感到很迷惑：为什么一些能力不如自己的人现在有一份非常好的工作，自己辛苦奋斗了这么多年却一事无成？自己也曾经做了一个单位的领导层，自己的这9份工作，每份工作也相当不错，为什么自己就干不长呢？为此，陈思萌非常烦恼。

现代社会，跳槽可谓司空见惯。人们希望通过跳槽来实现个人与工作之间的最佳搭配本无可厚非。如果你的跳槽是冷静后的理性抉择，那么，这样的跳槽对职场人来说，是漫长职业生涯中的一个台阶。不过，盲

目跳槽却不是解决职业迷茫的有效手段，它只会造成你职业竞争力的断层流失。一个频繁转换工作的人，工作中遇到困难想跳槽、人际关系紧张想跳槽、看见多挣几个钱想跳槽。总觉得下一个工作才是最好的，等他们跳到新的公司之后，才发现问题不但没有解决，反而变得更糟糕！因此，要正确看待下一份工作，莫让跳槽毁了你。

4.频繁换工作只会使一切都从零开始

在职场中，跳槽已如家常便饭、屡见不鲜，甚至有些刚进入职场的新人已经有了好几次跳槽的经历了。他们中大多数人对这种行为做出的解释，不过是为了寻找适合自己的、更好的工作环境、更广阔的事业发展平台，以实现自我的价值。从这种角度来看，跳槽的确是展示自己才能的一种方式，体现了人们观念上的更新。

然而让人感到遗憾的是，我们身边很多频繁跳槽的人除了丰富了自己的履历表内容外，其实并没有给自己带来什么好处，反倒是使自己一次次从零起步。究其原因，不外乎是高估了自己的能力，始终找不准自己的位置，不知道自己该做什么，总以为换个工作会更好。殊不知，一次次的跳槽不仅使你面临信任危机，更重要的是浪费了之前积累的资源，一切都得从零开始。

吴慧是一所名牌大学毕业的高材生，在大学学的是新闻专业。2000年大学毕业之后分配到一家商业银行工作，但很快她就厌倦了单调重复的工作模式，加之这份工作和自己的专业完全不对口，要是一直干下去的话，吴慧认为自己的大学四年就要白读了。于是她放弃了这份稳定的工作，进了一家报社。由于报社刚刚成立，人少活多，而且管理混乱，很快她就熬不住，跳去了一家小杂志社。然而就像染上了一种疾病一样，在接下去的两年里她一口气换了四家杂志社，但每次都待不久，不是杂志社倒闭了，就是自己厌倦了。如今已经30岁出头，但她还在各家广告公司漂着。

对年轻的职场人来说，因为年轻，想有更好的发展，想拿更高的薪水，于是想通过跳槽来实现自己的目标，这本无可非议，但什么事都应该要有个“度”才行，如果一味地跳槽，而忽视了自身素质的培养，那么到头来，可能就是得不偿失的结局。像吴慧一样，她工作几年下来，自己跳槽的次数可能连她自己都记不清了，结果呢？30岁出头的人，在别人看来应该正是大展宏图的时候，可她还是个普普通通小员工，漂浮不定于每个小公司中。可见，频繁地换工作不可取。

如今，不管是刚毕业的大学生，还是已经功成名就的职场元老，跳槽都已经成为了人们心中见怪不怪的事了。碰到难相处的上司，跳槽；给的薪水低，跳槽；失去了上升的空间，跳槽。这一连串的跳槽原因显得是如此的“有理”。于是，频繁跳槽成了不少人的习惯。然而，职业发展并不是根据薪水与职位的高低来确定，更重要的是能够分析把握好自己能做什么，适合做什么。这就需要结合自身的兴趣、能力、爱好、价值观等等来分析自己，在这样的基础之上作出跳槽与否的抉择。现在很多年轻人在刚毕业的几年中，其换工作的原因是根本不值得一提的，即使每次在换工作时都能很幸运地被录用，但也只能被当作新手来看待。

如果在大学毕业后，你本身就已经有了几年的一线实践工作经验的话，才能有资格被列为初步有经验的人员，从而被用人单位当作熟手来看待，用人单位也有可能让你在某个岗位上独当一面。如果你已经有了至少10年工作经验的话，通常在换工作后一般经过几个月的考察期后，你就能被提拔为单位部门的负责人。不过，年轻人一般都是工作经验比较少，特别是对于刚走出校门的大学生来说，换工作的次数越多，自己在某专业方面的工作经验就越少，从而无形之中在不断贬低自己的身价。

周凯是一家地产公司的广告策划，由于金融危机的到来，公司很多的大项目都被迫停滞，公司效益越来越差。和周凯同部

门的员工都对此抱怨不已，涨薪水的可能性降低了，大家都没有什么心思上班了，都忙着跳槽找更好的工作。唯有周凯一心一意地做着自己的工作，好像什么事情都没有发生一样。朋友都劝他，连自己同部门的同事都劝他，转转弯，不要在一棵树上吊死。

周凯笑着说："既然自己接了这活，就要认真地完成任务。再说，工资也不是白拿的。再找其他的工作，也不一定会比这个工作好，我认真地作过比较，安稳地工作是最好的选择。"周凯的敬业精神和精明被部门经理记在了心里。后来，公司接了新的项目，周凯因工作勤恳踏实而被提拔为新项目的项目经理。

从概率学的角度来看，换工作多几次，应该是可以找到适合自己的东家的。但是，青春毕竟短暂，人生的旅程也并非无穷尽，拿自己的前途当作概率学的"试金石"，无异于拿青春赌明天，这是十分危险的，谁又能担保你的下一份工作就一定会更好呢？有些人换工作后，才猛然发现如今的这家还比不上原先的那家，追悔莫及。又或者是人家正在考察你、了解你，正好要委以你重任，而你却迫不及待换工作，岂不是白白浪费了一次好机会？再换个角度来思考，有些老板创业初期是比较艰难，缺乏实力。假若你能与他同舟共济，对于你的付出，他将用放大镜加倍扩大，一旦他获得成功，你就是企业的"元老"。到时，你处于"元老"的位置，在企业里当然与众不同了。而当人家把企业做好了，你再跑去"锦上添花"，自然就没那么让人珍惜了，因为到时有没有你这朵"花"，对于人家来说就没那么重要了，你要挑别人，人家还要挑你呢！

因此，不要轻易换工作，工作中必须了解自己想要什么，应该怎么去追求自己想得到的，每一步应该怎么走，而不是随意跳槽。

频繁地换工作带来的后果可能是无尽的后悔。最明显的是这样频繁跳槽的后果是职场生涯到头来一场空。跟一切物体一样，职业也积聚着特有的、无形的能量，这种能量包括了我们在职场中所积淀下来的精神、气质、眼光、胸怀、直觉等等无法用"经验"来代替的东西。在一次次的跳槽中，不小心就会让自己在以往的职业生涯中好不容易积蓄起来、沉淀下来的职场能量一次次地"归零"。多次的职场归零，便将会使你的职业生涯越来越同别人拉开差距。

所以，明智的职场人士，他们会在进入职场生涯的一开始，或者在面临职场转换的起始时刻，就将“职场能量积累”作为最重要的一环，纳入个人的整体职业规划中，他们决不容许自己的职业前后脱节，随意跳槽，从而使自己的职场能量莫名其妙地释放、归零，他们总会用尽一切办法，保持职业的顺利发展。

5. 不到万不得已，不要轻易跳槽

这是一个频繁换工作的时代，你的头脑中是否也闪过“跳槽”的念头？或者你已经把你的跳槽计划提上了日程？在公司，你未获得期望的升职与加薪；你被上级错误地批评，甚至降职或变相降职了；你与同事发生争执，被误解、孤立了；你在客户那里受了委屈，在公司内部不被理解等等。这些事情是不是让你产生了“不管下一份工作如何，先离开这里再说”的想法？要是这样的话，只能说明你太冲动了。你要知道，跳槽有风险，想跳需谨慎。不到万不得已，不要轻易跳槽。

娟子大学毕业之后进了一家国有企业做办公室文秘，五年来她一直享受着稳定的工资和优厚的福利。但是这份工作太闲了，没什么挑战性，每天都是例行公事，娟子很不安心，她担心长期这样下去自己工作能力得不到提升，在职场会失去竞争力。如果自己将来有一天要下岗，不用说去外企，就是好一点的私企她也做不来。于是她想到了跳槽，但是她从报纸、电视上得知现在的大学毕业生一年比一年多，加之媒体关于大学毕业就等于失业的报道铺天盖地而来，这让娟子也有点后怕，要是自己辞职

之后找不到好工作怎么办？前不久，娟子在给经理准备会议资料的时候漏掉了一份很重要的文件，这让经理在公司会议上显得很狼狈。事后，经理借机把她调离了办公室，下放到基层。在一怒之下，娟子递交了辞职申请书。

不久，娟子就加入到了失业大军中，苦苦寻觅自己的下一份工作……

职场专家认为，娟子的这种跳槽完全是意气用事，她想换工作的想法没有错，但是她在跳槽前根本就没有任何的思想准备，她的这种跳槽是一种盲目的行为，而结果是她不仅没有跳好“槽”，甚至连“槽”都没有了。关于跳槽，职场专家认为，不管你想跳去哪里，但有一点必须是肯定的，你在跳槽前要有思想准备，不然的话，盲目地跳槽只能浪费你的人生。

雅丽是一家公司的部门经理，为了寻求更大的发展空间，她随同上司一起跳槽了。当时，上司拍着她的肩膀说：“好好干，我相信你的能力！”

雅丽听了，满心欢喜，她觉得上司的这句话不仅让自己对未来充满了信心，同时也激发了她努力工作的热忱，以报答上司的知遇之恩。

可是，当雅丽一心扑在工作上的时候，却遇到了很多问题。首先，因为她是上司带来的人，同事对她有排斥、有防备，这让她的工作很难开展。还有，自己原来的上司因为也是初到这家公司，也需要适应新的工作环境和人事，并不能过多地关照她。这些都如同巨石阻挡了她前进的步伐，打击了她火热的激情，让她感到迷惑和痛苦。

跳槽，看起来很洒脱，但并不意味着，跳槽就能获得成功！在职场中，你真正需要的是能给你提供发展的平台，而这个平台包括公司前景、工作环境、职业发展方向等。所以，当你在决定是否换工作时，你需要对自己的职业生涯做个规划，评估一下跳与不跳的利和弊，然后再做决定。

跳槽本身并不难，难的是在跳槽中如何使自己得到发展、得到提高。每换一次新的工作，都能让自己更接近心中成功的目标，这才是真正有意义的跳槽。因此，如果你还没准备好，或者还没想好，千万别盲动，别冲动。很多人跳槽，往往是一时冲动，被眼前的利益所迷惑。殊不知，在你潇洒跳槽的背后，是需要付出代价的，这就是跳槽成本。也许你账面上的工资确实比以前高了，但从长远来看，这份工作并不适合你，很可能是一种得不偿失的行为。所以，在决定跳槽之前，一定要全面衡量，计算一下跳槽成本，想一想是否真的值得付出这么大的代价。

在工作中，很多跳槽者都是非理性的，他们总是觉得下一份工作会更好，薪水会更高，或者是自己所在企业的培训机会、晋升空间等体制不够完善，或者是现在公司的人际关系很差……意气用事地跳槽了，却没有找准自己的位置，这样很容易得不偿失。

小张是一位大学生，毕业后分到一所中学教英语，勉强干了两年，觉得教师工作又辛苦又不来钱，看着原来的同学在外面见的世面多、交际广、挣钱多，说死说活不在学校干了，整整折腾了一年多，总算从学校辞职出来到一家合资公司做文秘。开始时，小张热情挺高，干得不错，多次受老板的表扬，但没有一年就觉得干秘书工作挣钱不多管事不少，没有奔头。于是，他背着公司，骑驴找马又到人才市场登了记。不久，一家保险公司聘用了他，他觉得每天跑跑颠颠很适合自己的个性，而且干好一个月可挣五六千块，当机立断，辞掉秘书去当保险推销员。谁也知道保险不好干，培训一段时间上了岗，头三天就碰了好几个钉子，还吃了不少闭门羹，一个星期没干下来，小张就又另谋新就了。

这次运气不错，一家外企公司看中他外语好，能言善辩，性格外向，聘请他做公司代表，推销产品。在这家外企公司，小张干的时间最长，一年零三个月。后来，一家小公司聘请小张去做公司副总经理，他从自己的前程考虑，抓住这个机会又跳了槽，本来想过一把当官的瘾，尝尝指挥别人是什么味道，但让他始料不及的是，想搞好一个小公司没点真本领还真不行，干了一段不见起色，自己便丧失了信心，打了退堂鼓。小张又到人才市场转悠。

很多人对未来有所期待，幻想着通过跳槽达到一个灿烂光明的美好前景。但现实是非常残酷的，也许当你去一个新单位时，会发现许许多多

的问题,很可能是你远远没有预想到的。只看到新工作表面的优点,却没有反思自己的工作态度,轻易地放弃原本熟悉的工作,结果使自己陷入到更为恶劣的工作环境中。这对工作是极为不利的。

因此,如果你在工作中有跳槽的想法,在跳槽之前要保持冷静,不要以为下一份工作会更好,而要问自己以下几个问题:为什么会选择跳槽?自己有什么优势可以去跳槽?自己打算往什么行业跳?跳槽的最佳时间是什么时候?

6.

要做卧槽马,不要做跳槽龙

“如果你对现有的工作不满意,或者不受重视,或者感到前途无望,你第一时间想到的解决办法是什么?”这样的问题,经常在职场被询问。“跳槽!”十有八九的人会脱口而出,甚至很快付诸行动。这个情景绝不夸张,如今有相当多的职业人士对现有的工作一旦产生厌倦感,第一个想法就是跳槽。但职场专家和一些成功的职场人告诉我们,“卧槽马”一样是职场上的赢家。

从整个职场来看,随意换工作是要冒很大风险的。这是一个“卧槽马”更胜“跳槽龙”的特殊时代。在职业生涯中,跳槽并不是最佳的方案,正确的做法是敢于面对困难,在兢兢业业的工作中变得更加强大,更有担当能力,在卧槽的过程中不断积累工作经验、人脉资源、口碑形象,增强自身的竞争力。因此,我们要做干好分内工作,做一个卧槽马,不做随时准备换工作的跳槽龙。你完全可以将跳槽的热情转换成提升自己能力的动力,在工作中取得成就,使自己走向职场的成功。

“我的职业目标,是在35岁之前做到著名外企的中高层经理……”这是一位25岁的年轻白领在美国微软公司人事总监问到她的“职业规划”时给出的回答。当人事总监进一步询问她准备如何实现这一目标时，她说出了她所认为的一条职场上升的最佳路线图。

首先进入某知名外企，做经理助理；一年后跳槽，去另外一家同样水平起点的公司做总经理助理；然后再花一年时间进入一家实力更强的外企，成为总裁秘书；接着可以考虑去一家比较普通的公司应聘经理的职位，如果顺利她会在这个职位上工作2年左右，这个时候她已经二十七八岁，已经有了相当的职业积累，然后就是出国进修，争取在两年的时间拿到一个硕士学位，期间，她将在国外应聘一个工作，继续职业生涯的积累，时间一定是控制在1～2年之内，然后回国，将以高起点开始新的工作，如此这般，如果一切顺利的话，她应该花上12年左右的时间实现自己的职业目标。

这席话让美国微软公司人事总监目瞪口呆。

看起来，这是一个完美的计划。但无法想象，一个对于自己的未来规划得如此严密，一点余地都不留的人，步调万一被一些职场意外打乱，她所承受的打击会有多大？

通常我们认为，跳槽是职场上升的捷径。换工作即使对普通人来说也并不算什么大事，这也许是人才寻求最佳发展舞台最有效的途径。不过，跳槽是有前提的，同时也是要必须把握住的。要明白，只有在特定条件下的跳槽才是有必要的。除此之外，频繁地跳槽，只会对自己的发展造成消极影响。

王飞特别聪明，在很多朋友眼里，他的前途一片大好。但是，3年后，他却是周围众多同人中发展得最差的一个。这都是他的习惯性“跳槽”惹的祸。这已经是他第8次跳槽了。

王飞刚毕业的时候，进了一家民营企业。当时，老板对他特别满意，还教给他很多的东西，不停地鼓励他。但是，半年后，他很快发现了公司的内部秘密——公司欠了一堆外债，他马上有了危机感，就选择了跳槽。

王飞第二份工作是做销售，但是内向的他不善言辞，他很少能拉到大客户，对人情世故了解少的他，还常常在应酬的场合出丑，久而久之，不仅客户不愿意理他，连同事也不愿意靠近他了。处于尴尬境地的王飞，既没钱赚，又没有什么前途，就辞职了。

王飞干第三份工作的过程中，很快遇到了新的麻烦……就这样，王飞每遇到麻烦就跳槽，跳来跳去就习惯了……

从职业生涯上来说，换一份新的工作就如同改变自己先前的职业定位和职业目标。尽管有时候换工作可以给职业生涯带来一线生机，但往往更容易带来倒退和危害，同时错误地换工作还很可能会带来长期的职业低迷，以至于影响终身。所以，换工作时千万不要意气用事，否则到头来只会越跳越糟。

工作要做卧槽马，不要做跳槽龙。卧槽让你有更充足的时间积累更多的经验，更明白工作岗位的需求，岗位的发展空间，懂得怎么与同事、上司、老板沟通，懂得怎么去处理工作中存在的危机，应该有什么样的工作心态，对具体的业务应该采取什么样的措施。比如有些员工可能刚开始处在不起眼的位置，是别人的配角，但是只要无怨无悔地积累经验，认真负责地做好自己应该做的事情，总会有机会出人头地。和同事朝夕相处的过程中，会建立起私人感情。有些人会得到你的帮助，有些人会倾诉自己内心的痛苦，有些人和你分享着相同的爱好……在不停地磨合中，你就会慢慢地积累到一笔无形的财富。所以说，换工作并不是解决问题的万能药，只有改变思想观念，做卧槽马，提高自己的能力，才是最为关键的。

那么，如何才能更好地卧槽呢？首先，制订职业计划。制订职业计划的时候，要考虑到自己的工作能力和优势，让它们在自己的事业中不断地得到发挥，创造出更大的价值。并在此基础上制订出长期计划和短期计划，并随时检查计划的进程，以达到预期的目的。其次，养成良好的工作习惯。在工作中养成认真、踏实的工作习惯，会对自己的事业有很大的影响。这样你就能在短时间内学到更多的新的事物，发现更多的内在规律，并利用这些规律更好地做好工作。总之，轻易跳槽会得不偿失，何必拿自己的前途当"试金石"呢？再说，现在所处的公司未必像自己想象的那么差，说不定老板正在考察你，想委以你重任呢？因此，要做卧槽马，不要做跳槽龙。

第二章

换工作不如换思维,拓展工作空间比跳槽更重要

工作中不要轻易跳槽。有些问题是企业的共性,不管在哪个企业,都有可能碰到相同的问题。人们往往会因对目前工作不满而巴不得尽快逃离,殊不知,新工作上手以后老问题又会浮现出来。所以,成熟的人,会尽力找到目前工作的问题所在,尽力改善,逐渐拓展自己的职业生存空间。高位高薪绝不是频繁跳槽的结果。跳槽并不能改变根本性的问题,再好的工作也难尽善尽美。频繁换工作的结果,只会使一切从头来过。

1. 做好职业规划，拒绝盲目跳槽

每年春节过后，一年一度的跳槽高峰都会如期而至。为了了解职场白领的工作状态，2012 年某网站发起了节后跳槽现象特别调查活动。调查显示，接受调查的人员中不到 40%的人领到了年终奖。调查还显示，企业年终奖发放的金额以及发放方式都对员工的离职率有很大的影响。19%的人会因为满意年终奖而选择继续留下，而 27%的人因不满年终奖计划跳槽。对此，职业专家指出跳槽不宜过于频繁，要考虑清楚跳槽和自己的职业规划是否相一致，是否能为自己的职业目标带来积极影响，而不应单纯地追求高薪酬放弃发挥自己优势的职业机会。

强仔毕业于武汉某高校的新闻专业，毕业时应聘到在当地的一家杂志社做编辑，刚上岗那会儿他倒是兴致勃勃从事着自己的工作。可是，一年之后他就觉得没劲没趣了。原因有两个，一是每当社里有重要的外派采访工作，领导总是不会让他去，理由是他的年龄小、资历浅，怕他完成不了采访任务。可强子不这么看，他觉得这是社里故意难为他，不想给他机会；二是他负责的是婚姻版块的编辑，天天面对的都是一些煽情的文字，时间长了他觉得烦不胜烦。于是，他想到了跳槽，跳到一家证券公司工作。两年后，社会投资热潮波涛汹涌，一波接着一波来，他觉得这是个机会。

于是，他又调整自己的职业方向，跳到了一家投资资咨询公司的门下。孰料这行看起来简单做起来难。工作一段时间后，

却没有丝毫的成绩，当初加入投资行业的万丈豪情顿时化为乌有。此时，强仔再次想到了跳槽，可是，这次自己该往哪里跳呢？他有些茫然和不知所措了。对于自己的职业生涯，强仔说，他并不是一个保守之人，而且总是在求新求异求变，可为什么最后竟会落得如此境地呢？

对此，职业专家分析说，从强仔的跳槽历程看来，他确实是与时俱进的职场人，他所选择的几个行业都是随着社会形势而变的热门行业。准确地说，就是他对社会的热门行业盯得相当准确。但强仔跳槽为什么不能成功，这关键就在于他忽略了一个重点问题，那就是他并没有考虑到自己不具备热门行业的能力和储备。因此，他的职业轨迹才会出现混乱不堪的状态。因此，强仔要想改变自己的职业现状，那从现在起就应该做好职业生涯规划。

“人无远虑，必有近忧”，这就是职业生涯规划。有一位中医师，从 20 多岁就开始行医，其医术十分之精湛，每天出诊仅半日，病患逾百人，利润在万元以上，一年下来就是 300 万元的利润。如今 60 岁的老先生，正是中医职业生涯的巅峰阶段，可谓如日中天。同时，我们也发现很多步入花甲之年的人们，生活却越发艰辛，随着年龄的增长，自己奋斗了几十年，其社会价值却越来越小，只能依靠那份养老金，惨淡度日。

同是老年人，大家的生活状况却大相径庭呢？是造化弄人？还是命运之殊遇？其实，抛开命运与机遇的原因，在很大程度上区别在于他们有没有职业生涯规划。职业生涯应充分考虑人、环境、职业与成功的事业生涯之间的关系。那么如何规划职业生涯呢？

1.确定志向

志向是事业成功的基本前提，没有志向，事业的成功也就无从谈起。志向是人生的起跑点，反映着一个人的理想、胸怀、情趣和价值观，影响着一个人的奋斗及成就的大小，所以，在制定生涯规划时，首先要确立志向，这是职业生涯规划中最重要的一点。

2.自我评估

自我评估的目的是认识、了解自己。只有对自己有了充分的认识，才能制定适合自己发展的职业生涯路线，才能对自己的职业生涯、特长、思维方式、思维方法、道德水准有清醒的认识。

3. 职业生涯机会的评估

职业生涯机会的评估,主要是评估各种环境因素对自己职业生涯发展的影响,每一个人都处在一定有环境之中,离开了这个环境,便无法生存与成长。所以,在个人的职业生涯规划里,要分析环境条件的特点、环境的发展变化、自己与环境的关系、自己在这个环境中的地位等情况。分析环境对自己提出的要求以及环境对自己有利的条件与不利条件,等等。

环境因素评估主要包括:(1)组织环境卫生;(2)政治环境;(3)社会环境;(4)经济环境。

4. 职业的选择

职业选择正确与否,直接关系到人生事业的成功与失败。据统计,在选错职业的人当中,有 80% 的人在事业上是失败者。正如人们所说的"女怕嫁错郎,男怕选错行"。由此可见,职业选择对人生事业发展是何等重要。

如何才能选择正确的职业呢?至少应考虑以下几点:

(1)性格与职业的匹配;

(2)兴趣与职业的匹配;

(3)特长与职业的匹配;

(4)内外环境与职业相适应。

5 职业生涯路线的选择

在职业确定后,向哪一路线发展,此时要作出选择。由于发展路线不同,对职业发展的要求也不相同。因此,在职业生涯规划中,制订各种行动措施,沿着你的职业生涯路线或预定的方向前进。通常职业生涯路线的选择须考虑以下三个问题:

(1)我想往哪一路线发展?

(2)我能往哪一路线发展?

(3)我可以往哪一路线发展?

以上三个问题,进行统合,以此确定自己的最佳职业生涯路线。

6. 设定职业生涯目标

职业生涯目标的设定,是职业生涯规划的核心。一个人事业的成败,

很大程度上取决于有无正确适当的目标。没有目标如同驶向大海的孤舟,四顾茫茫,没有方向,不知道自己走向何方。只有树立了目标,才能明确奋斗的方向,犹如海洋中的灯塔,导你避开险礁暗石,走向成功。

7. 制订行动计划与措施

在确定职业生涯目标后,行动便成了关键的环节。没有脚踏实地的行动,目标就难以实现,也就谈不上事业的成功。这里所指的行动,是指落实目标的具体措施,主要包括工作、教育、轮岗等方面的措施。例如,为达成目标,在工作方面,你计划采取什么措施来提高你的工作效率?在业务素质方面,你计划学习哪些掌握哪些知识,掌握哪些技能,提高你的业务素质能力?在潜能开发方面,都要有具体的计划与明确的措施。并且这些计划要特别具体,以便于定时检查。

8. 评估与回馈

俗话说:"计划赶不上变化"。影响职业生涯规划的因素诸多,有的变化因素是可以预测的,而有的变化因素难以预测。在此状况下,要使职业生涯规划行之有效,就须不断地对职业生涯规划进行评估与修订。其修订的内容包括:人生目标的修正;实施措施与计划的变更等等。

一个人的职业发展不是一条平坦的路,它是一个不断实践、不断探索、不断总结、不断反思的行动过程。树立自己的职业规划意识,根据自己的实际情况来进行合理科学的规划,有目标有计划地走下去,这样才能摆脱在发展过程中的种种不足,跳出困扰我们前进的怪圈,迈向职业发展的坦途。因此,在职场中与其频繁换工作,不如好好花点时间做一份职业规划。

3年前王真来到上海,在一家中型公司做出纳。她工作勤奋,经常加班加点,闲余时间还积极备考CPA证书。不久,她的职位被升为财务,工资也翻了一倍。今年CPA考试一结束,王真就另谋高就,在一家外资企业担任财务,工资上涨了近1/3。王真现在还在学习经济法课程,希望3年内做到外企的财务经理。

相比之下,李庆的跳槽就没有这么成功了。他原本是某汽车公司市场部的负责人,工作1年后跳槽去了一家汽车杂志,工资涨了,工作环境好了,但媒体的快节奏让李庆感到并不轻松。

半年后，他又跳槽去了一家大型办公用品公司，办公地点在郊区。李庆对此感到不满意，于是接连跳往外资电器、品牌电脑公司，最后又回到汽车制造企业担任生产经理。他的跳槽经验可谓丰富，但是兜了一个大圈又回到了原点，徒劳无功。

专家认为，王真有明确的职场目标，跳槽是按照自己清晰的职业规划进行的，因此效果显著。但李庆的跳槽显得非常随意，对工作有一点不满意就"走为上计"，这种跳槽不仅达不到原来的职业目标，还浪费了不少时间和精力。

职业发展的过程中有的人直冲云霄，有的人却举步维艰，这天壤之别在于自己没有做好合理的职业规划。因此，当我们有跳槽的想法时，考虑问题应该长远，要看一份工作是否有发展前景，而不是注重它眼前所能带来的利益。应该考虑企业发展和个人的职业生涯两者是否冲突，对职业的判断不应取决于你眼下所能得到的，职业生涯长达三四十年之久，考虑清楚在每一个机遇下能够成长多少，并在前进的过程中充实自我、良好发展才是最重要的。

在职场中，没有职业规划的人，要想成功无异于天方夜谭。职业规划是方向、是动力，是你不断前行的指南针。哈佛大学曾做过一个有关职业规划对人生影响的跟踪调查，得出来的结论是职业规划越强，取得的成功就越大。

2.

没有规划，10年后你还会原地踏步

如今跳槽成为了人们关注的话题。为什么会跳槽？相关人士的解释是，在当今这个就业难的情况下，很多人在找工作时，是抱着"先就业后择

业”的心态进行的。这样的心态会造成他们对自身从事的职业没有较强的责任感，而且会缺乏艰苦奋斗的动力，在工作当中，只要碰到问题和困难，他们首先想到的就是“不干就不干了，大不了我在继续找工作呗”，于是，就开始了频繁的跳槽生涯。对此，职业专家提醒年轻的职场人：“跳槽不是解决问题的‘万能钥匙’，没有职业规划的跳槽只会离自己的目标越来越远。”

小敏是1979年出生的，但是刚进公司的时候，大家吓了一跳，长着一张娃娃脸的小敏就像大学刚毕业的学生。小敏说，这张娃娃脸在工作中反倒给她带来了麻烦。当初大学刚毕业的时候，自己学的是医药类专业，但是对技术不感兴趣，所以毕业后去了一家医药公司做文秘，一做就是四年。因为在公司这几年没有什么发展，加上自己也觉得秘书是吃青春饭的，年龄大了，也害怕会被社会淘汰，所以就辞职出来，想重新闯闯。之后，应聘到了另一家医药公司做客户经理，主要负责产品销售和客户维护。虽然，自己当初也觉得自己不太适合做销售，承受压力的能力不是很好，但是想试试看，锻炼一下自己。坚持两年下来，虽然还是有点收获，自己的沟通能力和表达能力加强了很多，但是身心疲惫。三年的合同即将结束，自己不打算再续约浪费自己的时间，一直奔波着打算换份工作。因为不想再找以前做过的工作，想找份有发展的，比较稳定的，所以自己投了一些行政主管、办公室主任、人力资源管理、采购管理工作，但是简历投了不少，面试也有，就是最后都没了结果。自己一开始还是抱着很大希望的，但是屡遭失望，都快没什么信心了。

许多年轻的职场人士，大多都有这样的职场经历：经过职场前10年的轮回后，发现自己再也升不上去，而升不上去的原因就是自己频繁跳槽的经历。然而自己走过的道路，又无法更改，所以人生一旦脚步迈出就无法收回。这就是没有规划、随意跳槽的代价。职业生涯规划是根据个人职业选择的主观和客观环境条件而制定的。职业生涯规划要求你根据自身的兴趣、特点，将自己定位在一个最能发挥自己长处的位置，选择最适合自己能力的职业。找工作最重要的就是要人岗匹配，不能高攀，也不能低就。职业规划就是找到这个最佳匹配点和今后各个阶段的发展平台，对自己的内在因素进行测评，找到潜质的东西，而学历、经验、能力、兴趣、特长等是外部的东西，要把内、外优势结合起来，拧成一股绳，形成职场打拼的强有力的核心竞争力。

职业生涯的规划是以在正确的职业目标定位之下来逐步实现的过程。你的目标在哪里需要做好一步步的计划来实现。然而社会的浮躁，让更多职场人变得急功近利，越来越多的人期望通过频繁跳槽来获取更多的利益，企图在最短的时间内实现人生的积累，这样往往容易陷入频繁跳槽的怪圈。职业规划师认为，跳槽失误引发的连锁反应对求职者心理产生的影响非常大，稍不留神很可能导致整个职业生涯的失败。

洋洋就职于北京一家IT公司，是该公司的程序员，月薪达到八千元以上，日子可以说过得有滋有味，而且工作之余经常去泡吧、品茶、美容，是个十足的小资女人。然而，舒服过了两年的时间，她发现自己的薪水还是原来的八千元，而且受行业影响，她的薪水在今后将很难得到增长。在北京，这点钱顾生活还可以，可她有了买车买房的想法和压力。而且，公司人才济济，职位也没有上升的趋势。于是，她琢磨着要不要跳槽。

恰在这时候，有猎头公司找上门，请她到一家小公司做副总经理，薪水可观。于是，她没来得及细想，就将一纸辞呈递交到公司领导处，然后草草收拾下行李，就兴冲冲投奔到新公司。让洋洋所料不及的是，新公司开发的产品，知名度低，市场销售前景一片黯淡。她上岗之后，不但需要做技术方面的工作，而且，还要兼职起相关方面的销售。令洋洋头疼的是，她口才不好，并不适合做销售工作。公司销售没有做好，开发出来的东西堆积如山，公司的运营越来越差。在此情况下，原先承诺给她的薪水，也将要大打折扣。不仅如此，公司领导还每天要求拼命地加班，又不付任何的加班费用。

洋洋本来是想着跳槽后前途会一片光明，可哪知现在生存都快要成问题了。对此，她感到异常的焦虑和迷茫。她不知道自己接下来的路该怎么走，是继续留在现在的公司做下去，等待

好的转机？还是再找机会回到以前的公司？

显然，洋洋的跳槽是失败的，职业专家认为跳槽虽然是我们每个人实现职业目标的方法之一。但在跳槽前如果你能做好职业定位，充分考虑自己的内在职业取向和独特的商业价值，并了解清楚新公司的企业实力、环境和文化背景，以及对自己即将从事的岗位进行充分调研和全面了解，做到心中有数，做好准备再去应聘，这样你获得的新工作就自然会变得稳定许多。

在职场中，一个人一生中换几份工作是很正常的，但是每一次的转换是否为你带来正面的效益及自我提升，这是我们在换工作之前必须要考虑的。很多人只看到新工作、新公司表面的优点，却没有思考自己的职业规划，轻易地放弃原本熟悉的工作之后，以为下一个工作会更好，这是非常错误的。

3. 演好自己的角色，把自己放在合适的位置上

身在职场，处在不同的岗位，你会扮演不同的角色。只有明确职场定位，才能在职业生涯发展的过程中少走冤枉路。当今社会人才竞争激烈，机会转瞬即逝，定位角色之后，才能根据自己的目标，抓住发展中的每一个机会，接受市场选择，不断提高竞争力，才能在职场发展中如鱼得水，越游越顺。

有一个刚取得博士学位的年轻人，他选择进入一家制造燃油机的企业担任品管员，刚开始薪水非常低，甚至比不上一个一般工人，但他从没有抱怨过，而是努力地工作。两个月后，他发现公司生产成本高，产品质量差，于是他便不遗余力地说服老板推行产品质量改革以占领市场。

他身边的同事们非常不解，甚至善意地劝他道："老板给你的薪水又不高，何必要这么卖命啊？"他笑道："我是为我自己工作，这是我的职责所在。"他的建议为这个公司赢得了很大的利润，三年后，这个年轻人被晋升为副总经理，薪水自然也翻了几番。

这位年轻人就是扮演好了自己的工作角色，有着一个正确的价值观才走向了成功。工作时间长了，很多员工不是遇见这样的问题，就是遇见那样的问题，耐不住寂寞，就会跳槽。可是，有些局面并不能通过跳槽就能改变，比如，复杂的人际关系，工作中不同程度的失败，枯燥、呆板的工作流程……唯一的出路就是扮演好自己的角色，把自己安排在合适的工作位置上。

小凡是学市场营销的，工作了两年，都是在频繁地换工作中度过的，迄今已在从事第五份工作了。换工作的原因多种多样。他对当今的经济危机和就业压力有着清楚的认识，所以他并不像有些人一到社会就想有个高薪的好工作，但他渴望能找个与所学专业接近、让自己感兴趣的工作。在学校里他是个优秀学生，性格开朗外向，能力也不错，老师和同学们都看好他未来的发展。他所做的第一份工作是采购，可是他对这份工作缺乏兴趣，又认为它简单枯燥，做起来很乏味没劲。于是，草草换到另一份图书策划的工作，虽然他下定决心要做好，但是他在这方面完全是个新手，从头学起非常吃力，而且他的兴趣也不在此，工作起来更力不从心。最后他还是选择放弃了，对于自己的未来，他坦言很茫然无助。

像小凡这种刚出社会就栽跟斗的年轻人并不少，造成他们这种失败的最主要原因就是没对自己进行明确的职业定位。其实，工作中不管你处于一个怎样的位置，都应明确自己在企业中发挥着怎样的作用，努力让自己的工作做到最好。

主持《正大综艺》的 4 年造就了杨澜，盛名之下的她却毅然

放下“金话筒”出国留学，此举震惊了很多人。在最后一期节目中“难忘那朵兰花”的话语道出了别人不知的心声。对于这次离去，杨澜说：“主持人这个行当有某种吃青春饭的特征，我不想走这样的一条道路。我相信，如果一个人不充实自己的话，前程将是短暂的。”

两年后，拿了学位的杨澜选择了回国。“传媒离不开特定的社会环境，在自己的国家可以做的事更多。”从加盟凤凰卫视到创立“阳光文化”公司，杨澜不断地改变自己的角色设置。但是，千变万化的杨澜从没有偏离做媒体这个大方向，她清楚地知道，这是自己的优势，她的目标就是坚守这个方向，不断朝更高的层次迈进。

生活中的每一次选择实际上都是人生的一个转折，而杨澜的每一次选择都出于她对自己对未来的清醒把握和预测。“一个人要想成功的话，一个最重要的基础，就是先要明白自己到底要干什么，成功的意义应该是由自己确定的……”这些话闪烁着杨澜的智慧。

毫无疑问，研究自己的目的就是更清楚地认识自己，找到与自己的素质相对应的目标，凭着自己素质上的信号找到这一目标后，才能攻其一点，攻出成果，由此及彼，不断扩大。认识你自己，找到最适合你的位置，开发属于你的领域，这是通向职场成功的一条捷径。

李媚，某大学经济专业毕业，按照周围人的想法，希望能够进入银行工作。通过种种努力，终于如愿以偿。的确，薪水福利比起同龄人强很多，作为一个希望在单位立足的职场人来说，她付出了很多的辛苦。

由于专业知识的欠缺，李媚就像上了发条一样，一直逼自己学习很多金融的专业知识，拼了命地看书，考证。但无法忽略的是，她的主要业务之一——存款业务，由于自己的人脉、资源有限，一直很难完成。这让她觉得很有挫败感，甚至曾经感觉美好的奖金，拿在手里也像烫手的山芋。她一直纠结在是不是要继续，是不是会辜负爸妈的期望，自己到底能否承受这样的压力。工作总是如履薄冰，天天惦记自己的业务完成不了，一上班就觉得心情沉重,晚上回家也睡不好觉。

显然,李媚没有找到合适的工作位置。在职场中为什么常常有人会选错行呢?职业专家分析认为,原因主要有两个:一是对自己不了解,二是对职业内涵不了解。只有既充分认识自我,又了解职业内涵,知己知彼才能正确择业。

在职场中,对自我的认识,主要有性格、兴趣和能力三方面。近年来,国外用人单位在选人时有一种新观念,认为性格比能力更重要,他们认为,一个人能力不足,可以通过培训提高。有专家建议,在选择职业时应首先考虑自己的性格特点,外向性格更适合从事与外界广泛接触的职业,如律师、记者、推销员等;内向型性格则比较适合从事有计划的、稳定的、不需与人过多交往的职业,如研究人员、会计、资料管理员等。

文焉毕业于某名牌大学,学的专业是工程造价专业,但是由于喜欢稳定的工作,她从一家建筑公司跳到了一家商业银行,从事最基础的柜面工作。每天面对计算机进行一些简单的录入,可以说这些高中生都可以完成的,只要具备一定职业操守就可以了。面对日复一日的工作,这位昔日的高材生感到了疲倦与厌烦,想再次跳槽,然而面对自己所学专业的搁置,能力的荒废,她不知道该如何面对,自己新的职业方向在哪里?

人生本来就需要做选择,但是一定要做对的选择,秘诀就是“选你所爱,爱你所选”。对高薪、高职的渴求这本身无可厚非,但是追求的前提是要有利于自身未来职业的发展,如果仅仅着眼于眼前的利益,那么你丧失的将是自己前途,原本更该得到的丰厚的利益回报也因为鼠目寸光而化为泡影。所以,对于职场人士来说,从事任何一个岗位都要问问自己是否能扮演好自己的角色,把自己安排在合适的位置上。

4. 刚进公司就想成为CEO不现实

职场中,有的人只知道努力工作,但是没有规划。有些人有规划,但又不切实际。有的人刚进公司就想成为CEO,这就是非常不现实的一种规划。

在工作中,没有人能够随随便便成功,做到CEO的级别更是如此。商场如战场,所谓"一将功成万骨枯",CEO的位置是无数个打工仔的梦想所在,但是要想从打工仔成为CEO,其中的路漫漫是可想而知的。要想成功,就先得看成功的人每天都在做什么。

刘东是北京某财经学院财会专业毕业生,毕业后他只身来到苏州,由于无工作经验加之会计职位很少招男性,一时没有找到合适的工作。当刘东盘缠用尽时,无奈进入一家皮鞋制造厂做"储备干部"。进厂后,刘东被安排到成型车间做一名流水线员工,鞋厂刺鼻的皮革、油漆、胶水味及赶货时天天加班,使他陷入极大的迷茫中,想想接受几年大学教育的自己竟然干着这样一份工作,刘东实在有些不太甘心。但是,经过几天的痛苦思索、他最终还是想通了,决定既来之则安之。他认为自己通过努力一定能成为一块闪光的金子。

于是,刘东调整好心态,一改往日无精打采的工作态度,专心学习成型技术,并给自己制订了一系列计划和作息安排.除了把自己在流水线岗位中的技术学好、学精以外,下班后还经常向班长、组长及其他成型岗位的师傅虚心请教,了解制鞋流程、技术及管理方面的知识。此外,他还向上级提出一些工作建议,深得部门主管赏识。半年后,刘东被升调到生产管理部门做助理,5年后的今天,已是苏州一家大型台资企业成型主任的刘东,在谈到5年鞋厂发展的经历时，脸上挂着自信的微笑……

刚进公司就想获得很高职位的想法，是不切实际的。对一时还放不下天之骄子身份的年轻人而言，从基层做起的重要意义是一种心智的磨炼。从基层做起，一步步提升自己，可以培养一个人正确的工作态度。现在的社会充斥着浮躁和急功近利之风，缺乏脚踏实地的务实精神是当代很多人的通病。一位人力资源总监曾经说："年轻人只有沉得下去，才能成就大事。无论你多么优秀，到了一个新的领域或新的企业，刚出校门就只想搞管理，可是你对新的企业了解多少？对基层的员工了解多少？没有哪个企业敢把重要的位置让刚刚走出校门的人来掌管，那样做无论对企业还是对毕业生本人，都是很危险的事情。"

沈先生2002年旅游管理专业毕业后由于家人的原因成为一家国有企业的行政助理，工作了两年适应不了国有企业文化的他跳槽出来，成功应聘成为一家五星级酒店的总经理助理。除了负责总经理的日常办公外，他还负责人员聘用、培训、绩效考核等人事方面的事务。在酒店的两年间，沈先生做得很出色，受到总经理的多次表扬。但是由于内部体制的原因，沈先生不可能在近年内实现职位的变动，这挫伤了沈先生的积极性，他不愿意一直做一个助理，而且自己的能力已经足够担当经理的职责了。沈先生决定跳槽另觅高枝。这次沈先生将职位锁定在酒店行业的经理位置，但是简历投出之后是石沉大海，没有回应，沈先生也不知道问题是出在了哪里。沈先生觉得可能是自己的薪水要求太高，愿意降低薪水来获得经理的职位。这次有了几个面试机会，但无一例外，面试之后依然没有结果。

职业专家与沈先生交谈后发现，沈先生的自我要求很高，他的职业目标是想成为一名职业经理人，他也给自己做了规划，希望在三十岁之前做好铺垫，三十五岁能够实现这一目标。但是当问他如何在规划的时间内来实现时，他自己也迷茫起来。

在工作中，很多人也给自己做了规划，但是这种规划很少能从客观的角度来分析与了解自己，不确定自己的职业经验、职业能力、核心竞争力等方面，也不知道自己真正适合自己发展的职业道路在哪里。就仅仅是

凭借着自己的感觉走觉得自己适合就进行下去。当发现方向错误时需要回头就已经浪费了时间、精力、资本……职业规划是一个科学与系统的工程，而非依靠感觉就可以的。刚毕业的大学生从校园学习转到职场工作，即便拥有很高的学历，学了一肚子的理论知识，但由于缺乏实践方面的经验和技能，往往都很难被委以重任的。只有脚踏实地一步一个脚印从基层做起，才能不断丰富自己、完善自己、提升自己，才能从默默无闻的配角变成能独当一面的主角。

董阳在一家大公司做一名助理，平时工作特别忙，更让他懊恼的是部门之间人际关系复杂，这对不太懂得与人相处的他来说简直是一种煎熬。董阳每天都是小心翼翼的，怕得罪这个，怕得罪那个，觉得自己活得特别累。一年后，董阳就想跳槽了。

他给妻子说起这个事情时，妻子惊讶地问他："你的工作做得不是挺好的吗？为什么要跳槽呢？"董阳给妻子说出了自己的疑惑。妻子反问他："你进入下一家公司会不会也遇见这样的问题？到时候你怎么解决？像现在这样跳槽吗？如果这样的话，你在哪个公司能长时间地待呢？哪个公司会像你想的那样没有复杂的人际关系呢？"董阳想：妻子说得对啊，在哪里都少不了这样的事情。这样的局面既然是无法改变的，为何不在现在的岗位上努力呢？再说自己以后发展的空间也很大，更多的机会等着自己呢。

之后，董阳再也不想着跳槽了，决定老老实实地在这个公司干下去。他每天除了干好自己分内的事外，还不断地学习、充电，并想办法改变自己的工作方式让自己效率更高，人际关系更融洽。很快，他就做出了成绩，得到了上司的肯定、同事的认可，因此，得到了提拔。现在的董阳面对的人际关系比以前更复杂了，但是他比以前更自信了。

职场中，每个员工都有着当 CEO 的梦想，有着成功的渴望，这都没有错。要知道，一个好的理想是成功的基石。但是，刚进公司就想成为 CEO 是不现实。刚参加工作的职场新人，与其是在就业圈外观望、叹息、徘徊，还不如在自己兴趣的基础上找一个切入点，到基层去锻炼、积累，给自己创造一个施展才华、释放能量的机会。

5.

脚踏实地，先从底层做起

在工作中，只有脚踏实地，一步一个脚印，才能找到适合你的职业定位和职业发展之路。学会从基层做起，不是一件丢人的事，相反，却是一个了解基层，广泛调研学习的机会，只有对一个企业，从基层到高层都了解透彻了，你在企业的成长，才会越来越快，步子才走得越来越坚实。

陈先生在一家制造公司工作有四年了，学习机械设计专业出身的他，四年来一直在后台从事技术操作，工作倒也稳定。但是时间长了陈先生渐渐厌倦了这种千篇一律的机械操作。在他看来，自己还不到三十岁，整天穿着工作服跟一堆机器混在一起，这样干下去太没有出息了，让人瞧不起。

看着销售工作越来越受重视，赚钱又多，陈先生也想做销售，多与人打交道总比和机器待在一起有前途。事有凑巧，在他提出辞职申请后不久，朋友的公司就有个业务的工作岗位，在朋友的帮助下，陈先生终于如愿以偿地获得了这个职位。主要负责向新客户推销公司的服务产品及维护与客户的合作关系。新的工作不仅待遇有了提高，也体面了许多，这让陈先生非常满意，打算好好表现一番。可是，好景不长，由于不懂接待业务又没有销售技巧，陈先生的业绩一直不理想，所以压力也非常大，究竟是否做下去这个问题使陈先生陷入了很大的迷茫之中。再回去是肯定不行的，那不做这个出来后又能做什么呢？面对下一步该怎么走的问题，他却十分困惑。

在职场中，跳槽不仅仅是换份工作那么简单，需要解决很多问题，有时还需要你改变固有的思路。面对下一份工作要谨慎，必须做好充分的准备，把相关的问题都考虑周到。否则，非但达不到期望的效果，还会越跳越差。只想着换一个工作，既不考虑自身的情况，也不去分析了解目标，仅靠想当然的冲动怎么能成功？不管到一个什么样的企业，首要的是要了解这个企业。如果你是刚刚毕业，或者是在职场没有多久，也许你胸怀壮志，要在这个企业做一番让企业满意，让人刮目相看的大事，不管你是豪情万丈，还是能力在身，新到一个企业，你要明白一点，工作是一点点做出来的，能力是一点点得到提升的，也许你在学校是专业课第一名，能力也很出众，抑或是在别的企业工作做得很好，这一切对你新到的企业来说，都只能代表你的过去，企业不是要看你的过去，过去只能代表你的过去，企业最重要的是要看你在这个企业的作为，是不是适合这个企业，能不能在这个企业做好。

2007 年 9 月，辽宁中部七城市（沈阳经济区）联合组团来到清华大学招聘，拉开了清华大学整个 2007 年系列求职招聘会的序幕。靳玄烨就是在这次招聘会上投出了简历。2008 年初，当很多毕业生还在等待接收通知来决定自己最后去到哪个领域的时候，他已经获得了一个工作职位。

为什么会如此有效率？靳玄烨说："我没有很多待遇上的要求，如果让我选择的话，我会选择到基层中去，从基层干起，在实践中锻炼成长；另一方面辽宁是我的家乡，那里有我美好的儿时回忆，并且正处于老工业基地全面振兴的关键时期，能为家乡做些事情是非常有意义的。拿到了几个接收意向之后，与单位领导见面交流了几次，顺利地找到了适合自己的岗位。"

他也很实际地谈到这个过程中遇到的问题，第一是来自亲人的阻力，农村出来的孩子，父母还是希望能在大城市工作，这样收入较高，比较体面。做通他们的工作确实是一件很考验能力的事情。第二就是政府部门的工作责任重大，需要非常强的协调能力，涉及的具体工作也会很复杂，作为一个刚毕业的学生需要有一个良好的心态。

当记者好奇地问到理科背景的学生在政府部门有就业空间吗，靳玄烨很爽朗地反问道："怎么会没有呢！行政岗位除了需要有人文素养外，还需要有科学素养，需要提出问题，分析问题，解决问题的这种科学思维方式。理工科背景的学生在这方面就相对有些优势。"

记者又进一步问到像这种高学历理工科学生去政府部门工作，是否是社会发展的趋势与潮流，他更是略带憧憬地讲起他对现今行政人才发展趋势的看法："无论是清华毕业生到基层挂职，还是到农村去当村官，这些措施目的都是旨在提高基层政府部门人员的素质，为国家储备人才。这些都是国家人才发展的战略性举措。政府部门的行政人员，尤其是最基层的人员，直接与普通群众打交道，其素质的高低直接关系到政府在人民心目中的形象。而有着很好的教育背景的学生，善于思考，经过基层实践工作的锻炼，会很快地成长起来，在国家的建设中会发挥更重要的作用。"

靳玄烨的回答是来源于丰富的实践经历，来源于对自己清醒认识和定位。现阶段很多大学生面临最大的困惑就是：如何全面的认识自己和定位自己，选择一条适合自己发展的道路。"你要走出去，在实践中锻炼和思考，在实践中寻找问题的答案。"靳玄烨这句话背后有着丰富的实践经历。

所以，员工要学会从底层做起，不要夸夸其谈，要扎实工作。也许你在面试的时候，会和面试官大谈自己在学校时的辉煌，在其他企业的成绩。与其他成绩平平，能力平平的人相比，也许这些都可以为你进入这个企业加分，但一旦进入这家企业，一旦成为企业的一分子，你的这些成绩和能力，就再也不要成为你夸夸其谈的谈资，而是要扎扎实实地做好你手中的工作。

在工作中，一开始进入企业就低调的人，不代表就是没能力的人，相反，一开始进入企业，就大谈特谈，夸夸其谈其过去的人，会被人认为是一个只能吹，而能力不行的人。当然，不管开始怎么样，判断这个人行与不行的标准，就是工作的好坏。因此，从基层做起是成功之路的开始。

6．原地转身，不换公司换岗位

在现代职场中，每个人在自己的职业生涯中都会经历若干次的职业转换：从这家公司转到那家公司，从这个行业转到那个行业。如果是在同行业里跳槽，叫横向跳槽；如果是跳出了一个行业就叫纵向跳槽，也叫跨行跳槽。俗话说："男怕入错行，女怕嫁错郎。"跳槽是一门学问，也是一种策略。"人往高处走"，获得更高的薪酬和职位被认为是跳槽的最大原则。但是，对于跨行跳槽者来说，放弃已经积累起来的经验和基础，重新投入新的领域当中，一切从零开始，这其中的风险比起一般的跳槽来会更大。

张君在大学学的是通信工程，大学毕业后分配到一家通信公司，单位的技术力量雄厚，效益也不错。他在这里干了7年，顺利评上了工程师，还参加并主办了许多工程项目，成为单位小有名气的年轻专家。但是在公司，提拔都是论资排辈的，对于年轻气盛的张君来说，他非常看不惯这种论资排辈的现象，认为自己这么有能力，却要屈居一些只拿薪水不干事的人手下，就很不爽。心想"人挪活，树挪死"，所以不顾单位领导的再三挽留，投入了跳槽大军中。

张君的第一份跳槽工作是到当时十分吃香的外资企业当文员。由于张君是笔杆子，加上部门主任很喜欢他的写作风格，于是在新的岗位上他很快进入了角色。心想只要自己努力干下去，不出5年，公司的高级管理人员肯定是自己的囊中之物。但是当他干到第3个年头的时候，公司的部门主任跳槽了。新来的主管不欣赏他的文风，而且为人也苛刻，经常挑他的毛病，张君咬紧牙关在新主管手下待了半年，开始了第二次跨行业跳槽。

这一次他跳到一家合资企业从事广告策划。刚开始这家公司的效益不错，不久就因金融危机的影响，业务量直线下降。张君这次吸取了第一次跳槽的教训，没有立即抽身，而是坚定地与公司同舟共济，共渡难关。3 年后，他被提升为部门经理，可公司一直没有走出困境，不久就倒闭了。加薪成了泡影还是小事，要命的是必须另找生路。

此时 6 年过去了，但是张君还没有一份稳定的工作，还在跳槽大军中苦苦奋斗。当他经过他第一家单位的时候，发现老一代的全部退休了，各级领导和技术负责人都是和他同时代毕业的人，一般的也是院属单位的副总工，混得最差的也是主任工程师。

职业发展中最可怕的就是禁不住外面的诱惑，只看到短期利益，忘了自己的职业方向，在职业理想和现实状况的天平发生严重偏移时，本能地选择了后者。殊不知，如果我们把它放到一生的职业天平来看，就能发现它不但不利于职业的发展，而且和职业取向是完全相偏的或者是相违背的。到头来，在外面无奈走了一圈后，还是回到了原来的职业起点，重新回归自己的职业认知和规划。而此时，往往又错失了很多有利于职业积累的机会。

其实，一个人要好好发展自我，与其跳槽还不如公司内换岗。岗位轮换是企业培养复合型人才及多面手的一种管理方式。对于有意转行的职场人士，完全可以借助于这种形式，在公司内选择新的岗位“转行”。不转换公司，只转换岗位，你不仅由于“人脉”畅通较快地适应新岗位，而且换岗的成本要比离开公司低得多。所以，要换工作最好先在公司内部寻找可能性。

周略原是一家船运集团公司的单证操作员，但她感兴趣的是物流管理职位。职业专家建议她采用分步转行的方法，先从船运集团公司的单证部门转岗到物流部门任进出口专员，工作内容包括：负责进出口报关事务，准备报关文件，制作和办理报关单证、结汇单证，与海关、商检等相关部门联系，整理、分析每月的物流活动成本及效率等。显然，这份工作既运用到周略在船运公司单证部门积累的工作经验，又能让她接触到物流管理

职位的部分工作内容。一年后，她在职业专家的指导下，获得了物流主管的职位。

“公司内换岗”是职业生涯中成功的最好捷径。你应该转换思维争取在公司内把自己推销出去。如果你要在公司内部挪动地方，比盲目跳槽更好。这是因为：首先，公司内部换岗会降低跳槽转行的风险。我们知道跳槽本身具有一定的风险，并且跳槽需要有一定的经济成本，在结束了眼前的这份工作后，很多跳槽者并没有做出系统的转行计划，找到新工作在所需要的时间上，无法准确的评估，这期间我们都需要一定的经济基础来支撑我们跳槽找工作，并且我们也无法保证我们找到的下一份工作就是自己真正满意的，万一你对跳槽后的工作无法胜任，那么很可能会陷入频繁跳槽的圈子里去，浪费大量的时间金钱和宝贵的职场经验积累。其次，公司内部换岗可满足自己的新鲜感。我们知道有些人并不是对自己的工作“深恶痛绝”，才想要撒手不干的，而是天生比较喜欢尝试新事物才会不自觉地去选择尝试“新工作”，在公司内部换岗无疑是最好的选择，因为我们对自己所在的公司的企业文化是比较熟悉的，可以从周围同事的口中了解到新职位的信息，或者自己本来就对这个职位有所了解，这样换岗成功的可能性就会大大增加，而减少了跳槽转行失败的可能性。

在公司内部换岗，我们应注意以下具体问题：

(1)换岗前准备

想要换岗成功，公司接受你的换岗要求，就要对公司换岗职位有所了解，具体业务精通熟悉，对自己是否有一个中肯的自我评价，并和上司有一个良好的沟通，制定有目标的职业规划，在和上司沟通时，可以有效地提到这一点，并寻求其建议。

(2)换岗的最佳时间

如果你在一个职位上，连凳子都还没有做热，就想做换个岗位试试，那么只会让领导留下不好的印象，认为你做事浮躁没有意识，换岗的最佳时间应该是在一份工作从事 2 至 3 年之后，要知道一个人在工作上发挥最大的效益往往需要 1 年半到 2 年半的时间，2 至 3 年之后你的工作效率达到最高的，职业成熟度也达到明显的提高，这时提出换岗是不错的选择。

7．跳槽不是目的，提高自我价值更重要

现在的很多年轻职场人，他们一旦碰到烦恼问题，或是对工作产生厌倦感后，就凭着冲动劲寻求下一份工作。其实，工作是没有绝对完美的，如果不能摆正自己的职业心态，那么一份新的工作，也必将是另一轮新厌倦的开始。并且，经过一跳再跳，把跳槽当成习惯后，更多的人会对自己的职业生涯感到茫然，对未来不知道该何去何从。

王小姐大学毕业3年，已经换了七八份工作，薪水却一直没有大的提高。现在回想起来，她觉得自己最满意的竟然是当年找到的第一份工作。刚毕业的王小姐靠着优秀的成绩进入了一家国企的市场部。草拟合同、发展客户、活动策划……由于年纪轻、专业对口，她一进市场部就挑起了大梁。可慢慢地，同事之间的业务纠葛以及复杂的人际关系让她越来越厌烦，而且虽然工作做得很多，但由于资历浅，王小姐的薪水一直没有变化。

这时候，王小姐的同学给她介绍了一个外资公司经理秘书的岗位，薪水比王小姐当时的工资稍高，并暗示助理、秘书之类的职务晋升最快。王小姐跳过去了，但倒咖啡、接电话之类的工作并不适合她活泼的性格，而且原来市场部的工作经验在新岗位用处不大。之后换的几个工作也类似，都是助理工作，无论是薪水还是职位都没有一个质的变化。

这个不适合，那个也不满意，在不同岗位不同工种间跳来跳去，工作时间不长，企业却已经换了很多家。如果在不断的更换中能够有职位和薪水的升迁也就罢了，问题是很多跳槽者都没有高职位也没有高薪，反而是落得个“职场打杂”的称号。这是很多职场新人的悲哀。据国内某一权威调研中心的数据显示，六成职业人属于“职场打杂一族”，在长期的岗位

轮换中，呈现原地踏步的状态，不仅浪费了时间和精力，同时也磨损了竞争力。

在职场中，跳槽其实是折磨人的事。跳槽到一家新公司，从熟悉规章制度、环境和业务，理解认同公司理念和文化，建立起良好的人际关系，到能够独当一面，并渐渐融入组织，至少需要几年的时间。心态浮躁，总想一步到位，这不但会给公司带来损失，也浪费了自己的时间和之前积累的资源。从职业生涯发展来说，跳槽换工作相当于改变职业定位和职业目标。有时候，换工作是给职业生涯带来生机的必要手段。但是，随意地换工作，错误地换工作很可能使职业生涯长期处于低迷状态，从而影响终身。因此，跳槽不是目的，提高自我价值更重要。

有一个自以为是全才的年轻人，毕业以后屡次碰壁，一直找不到理想的工作。多次的碰壁，让他伤心而绝望，他感到没有“伯乐”来赏识他这匹“千里马”。痛苦绝望之下，有一天，他来到大海边，打算就此结束自己的生命。

在他正要自杀的时候，有一位老人从附近走过看见了他，并且救了他。老人问他为什么要走绝路，年轻人说自己得不到别人和社会的承认，没有人欣赏并且重用他……老人从脚下的沙滩上捡起一粒沙子，让年轻人看了看，然后就随便地扔在了地上，对年轻人说：“请你把我刚才扔在地上的那粒沙子捡起来。”“这根本不可能！”年轻人说。老人没有说话，从自己的口袋里掏出一颗晶莹剔透的珍珠，也是随便地扔在了地上，然后对年轻人说：“你能不能把这颗珍珠捡起来呢？”“当然可以！”“那你就应该明白是为什么了吧？你应该知道，现在你自己还不是一颗珍珠，所以你不能苛求别人立即承认你。如果要别人承认，那你就要想办法使自己成为一颗珍珠才行。”年轻人蹙眉低首，一时无语。

有时候，你必须知道自己是普通的沙粒，而不是价值连城的珍珠。你想卓尔不群，要有鹤立鸡群的资本才行。在职场中忍受不了打击和挫折，承受不住忽视和平淡，则很难达到辉煌。若要自己卓然出众，那就要努力使自己成为一颗职场珍珠。

在职场中，提高自我价值才是最重要的。想想看，有哪一位富翁、成功人士在刚开始的时候仅仅是为了钱，为了好的工作环境而工作的？他们看重的是学习机会，在不断的成长中积累了更多的工作经验。而那些过于看重工作环境的人，最后只会在清闲的工作环境中养成懒惰的恶习；那些过于看重薪水的人，最后获得的薪水也许会更有限。因为在安逸的工作环境下，时间长了，就很难再有当初的激情；有很多人薪水虽然很高，但没有发展的空间。自身没有发展，哪还有机会让自己的薪水翻倍地增加呢？

周涛最初在一家大的贸易公司工作，刚进去的时候，由于资历的限制，工资并不高。但是，该公司的发展空间很大，只要做的时间长了，就会实现自己的价值。但是，当周涛看到自己的同学工资都那么高，周涛也觉得心里不平衡，就决定跳槽。一次，无意中周涛看到了一条招聘信息，完全适合自己做，而且薪水特别高，就去应聘，结果被录用了。但是，做了没多长时间，周涛就意识到自己并没有学到什么新的东西，在工作中用的全是自己以前的东西。由于公司太小，根本没有更多的资金去组织培训。再加上发展空间太小，周涛就开始后悔了。

工作中，很多员工会像周涛这样，心里算计的总是这个月老板会发给我多少工资，下个月老板会发给我多少工资，我这一年能挣多少钱？够不够我攒钱买辆车？等等。这样，想来想去，他们就会觉得自己实在没有挣多少钱，就会动了跳槽的想法。他们心里并没有想自己能学到多少本事，为公司创造了多少业绩？而公司看重的是利润，你没有真本事，没有业绩，不能为公司创造利润，老板也不会无缘无故地给你加工资。所以我们应该想方设法提高自己的能力，为公司做出相应的业绩，实现公司利益最大化，才有更多的机会获得高薪。事实上，工作就是在与自己赛跑，你不努力，但别人在努力，在不知不觉中你就掉队了。掉队的结果就是被淘汰出局。一旦遇到这样的情况，你怎么办呢？可见，工作中提高自身价值的重要。

事实上，成功的人士达到自己的事业顶峰并不是一帆风顺的，他们之所以都一路走到目的地，原因就在于他们自身有能力，创造了更高的价值。相反，那些为了薪水或者体面的工作环境一次次跳槽的员工，只会在

自己原有的水平上停滞不前，薪水不仅没有增加，最后反而会不得不为了生计而挣扎。到那时，他们才开始为自己当初跳槽时短浅目光后悔，后悔当初没想办法提高自身价值。

那么，如何提高自我价值呢？首先，确立一个长期目标和近期目标。到一家公司的初期，要为自己制订年度计划，这样可以找到一些自我提升的动力。但是你要仔细分析这个计划的可行性，不要拟订得太过于美好，要看到当前的起点成绩，并沿着这个方向踏踏实实地工作，直到目标实现。其次，努力消除职业倦怠感。很多员工一旦进入事业稳定期，成为公司的重要员工，就很快会产生职业倦怠感，从而不再愿意主动追求自我提升的空间。这个时候，可以用心理暗示来让自己积极起来。比如，反复提醒自己："走过这个坎，就会看到希望"，"痛苦地做这件事情也是做，快乐地做这件事情也是做，为什么不让自己更快乐一点呢？""太阳每天都是新的"……这样会给自己一个全新的心情，从而使自己始终保持良好的工作状态。

所以，当一个人已经确立了自己的职业发展方向之后，如果不是确信自己已经不能在这个行业有所发展，或者自己的个性与职业要求出现明显偏差，一般不要轻易换工作，而应该提高自身的工作能力和价值。

第三章

别让打工心态害了你，工作是为老板更是为自己

与其抱怨工作，不如改变自己。在这个世界上，没有卑微的工作，只有卑微的工作态度。既然已经选择了，那么就要对得起自己的选择，三心二意就是对自己不负责任，只有一心一意，才能有好结果。跳槽过于频繁的人，其实真正不满意的是自己，他们只有学会接纳自己、培养自我的信心，才能正视工作上的问题。如果我们摒弃消极的打工心态，成就老板心态、树立主人翁精神，就会有更多的机会，更多的财富。

1.

抱有打工心态，永远只能打工

在职场中，很多人都有这样一种心态：自己是打工者，只做与自己职责相关，并与自己所得薪水相称的那些工作。这样一种心理定位，使你只盯着自己分内的那些工作，而不想额外多干一点，甚至经常以老板苛刻为由，连自己分内的那些工作都不努力做，敷衍塞责，结果因态度不积极，连自己分内的那份工作和薪水也保不住。只为了薪水而工作，这是典型的打工心态。抱着这样的心态打工，就永远只能是打工者，甚至连打工的机会也不会很多。所以，无论在什么地方工作，都不应把自己只当作公司的一名员工，而应该把自己当成公司的老板。

在工作中，如果你以老板的心态来工作，那么，你就会以全局的角度来考虑你的工作，确认这份工作在整个工作链中处于什么位置，你就会从中找到工作的最佳方法，会把工作做得更圆满，更出色。以这种心态进行工作，你就不会拒绝工作，你就有时间和精力来承担工作重任。你会认为这是表现自己工作能力、锻炼自己技能和毅力的一次机会。有了这样的心态，你就会因工作做得出色而使薪水得到提升，你的领导能力也会得到培养、锻炼和提升。

吴士宏就是这样成功的一个打工者。在IBM工作的最早日子里，吴士宏扮演的是一个微不足道的角色，沏茶倒水，打扫卫生，完全是脑袋以下肢体的劳作。她曾感到非常自卑，连触摸心目中的高科技象征的传真机都是一种奢望。但是，她对自己说："有朝一日，我要有能力去管理公司里的任何人，无论是外国

人还是香港人。”通过不懈的努力，一年后吴士宏获培训机会进入销售部门，因业绩突出，不断晋升，从销售员直至IBM华南分公司总经理。1997年任IBM中国销售渠道总经理。1998年出任微软（中国）公司的总经理，她在微软的上司说“她和微软公司那种生生不息的创新拼搏精神，承受压力的能力以及勇于迎接挑战的个性有某种深层的契合”。1999年10月，吴士宏出任大型国有企业TCL集团常务董事、副总裁、TCL信息产业集团公司总裁，被称为“打工女皇”。

吴士宏的故事告诉我们，职场中人应努力练就正确的工作心态，培养承受压力的能力。打工绝不仅仅是为了赚钱！如果你想进一步成长，如果你想真正地成功，就要学会在工作中争取更多的锻炼机会。世界上没有卑微的工作，只有卑微的工作态度，只要全力以赴地去做，再普通的工作也会变成最出色的工作。

有些员工在初入职的时候，会对一切事情都抱有新鲜感，积极热情地去工作，可是时间长了，就会对工作中那些很公式化的内容感到疲倦，就会带着一种不耐烦的情绪去工作。于是，就想换一个工作、换一个老板，但这样是不是真的能满足自己当初的目标，摆脱如今面对的困境呢？事实上并不是这样，常挪的树长不大，随随便便地换一份工作，只会让自己陷入新的困境。只有改变打工心态，才能彻底地解救你。选择到一家公司，就要努力工作。要脚踏实地，从现在做起，从小事情做起，尽职尽责地去完成工作。有时候，以老板的心态看工作才是一种真正的解脱，这样你才能变得积极主动，才能及时地把自己的想法付诸行动，才能在付出中有所收获。相反，选择逃避或者跳槽，既不能从根本上增强自己的能力，又会让自己陷入新一轮的郁闷中。

小秦在大学里学的是计算机专业，2005年大学毕业之后由于一门心思考公务员，但是名落孙山。最后只好匆忙开始找工作。第一份工作是程序员，因为自己专业不扎实，做起来非常吃力，没几天小秦就不干了。后来陆续做过计算机管理、网站编辑、业务代表等等，都因为各种原因辞职不干了。差不多平均两个月就要跳槽一次。一个偶然的机会，小秦进入了一家大型IT

企业担任技术文秘，到现在已经做了将近两个月了，他又开始琢磨着跳槽的事情。小秦就这样跳来跳去，成了名副其实的“跳槽族”，在一年半的时间里，他连续跳槽了八次，跳槽频率之高，简直令人咋舌。

跳槽只是改变职场状态的重要手段之一，但不是万能的手段。如果你抱有打工心态，永远只能打工。有关专家认为，当你不再愿意为工作付出时，你首先要考虑的并不是换工作，而是调整自己的状态。作为一个职场人，在一开始工作的时候，不必太计较薪水的多少，而一定要注意工作本身给予你的报酬，如技能的培养、经验的积累、品格的提升等。你就应当自觉地在上班以外的时间多想想工作，多想想公司。

一位经常跳槽、最后一无所成的博士生这样感叹：如果能以对待孩子的耐心来对待工作，以对待婚姻的慎重来选择去留，也许我的事业会是另外一番样子。世界上没有全能的奇才，你充其量只能在一两个方面取得成功。在这个竞争激烈的年代，你只能聚集全身的能量，朝着最适合你的方向，专注地投入，才能成就一个优秀的你。有些员工仅仅把工作看作一种谋生的手段，在遇到困难和问题的时候，不愿投入自己所应有的激情，同时，还会觉得很糟糕。上班对这些员工来说，几乎是一种苦差事。这其实是一种错误的工作态度。

斯考特·亚历山大原本是法律专业的学生，大学毕业后，却阴差阳错地当上了健身教练。在常人看来，律师行业前途光明，借助一两个案件轻松上位，名利双收，从而拥有自己的律师事务所的事例不胜枚举。大可有所作为的律师，却做起健身教练，为名人们打工，这应该称得上“怀才不遇”。不过斯考特·亚历山大没有任何抱怨，而是心甘情愿地接受现实，并以此为事业，不断积累人脉和经验。正是这次打工的经历，使他以后成为亿万富翁。

一个人的工作态度折射出人生态度，而人生态度决定一个人一生的成就。你的工作，就是你的生命的投影。它的美与丑、可爱与可憎，全操纵于你之手。假使你对工作，是被动的接受，像奴隶在主人的皮鞭的督促之下一样，那你在这个世界上，一定不会有很大作为的。如果将打工视为

一项沉重的负担，永远也难以逾越平庸与卓越之间的鸿沟。如果将打工视为一项事业，那就有可能擦亮自己事业的阿拉丁神灯。所以，请不要以打工心态对待工作。

2. “态度”决定“高度”，好心态成就好工作

美国石油大王洛克菲勒在写给儿子的一封信里这样说道：“亲爱的孩子，如果你视工作为一种乐趣，人生就是天堂；如果你视工作为一种义务，人生就是地狱。”工作本身没有高低贵贱之分，很多时候在于你对待工作的态度。

“态度”决定“高度”，好心态成就好工作。人生并非是一种无奈，它完全可以通过我们自身的努力去把握和调控。我们自身的态度决定着人生航船的方向，也决定着我们生存的质量。一个人若是一生都能保持良好的心态，他的人生之路就会越走越宽，生命也会更加精彩。

一则寓言说：兔子的胆小是出了名的，它们常常被一些小事情吓得恐惧不已。有一次，众多兔子聚集在一起，为自己的胆小无能而难过，悲叹自己的生活中充满了危险和恐惧。它们越谈越伤心，觉得自己是世界上最不幸的，悲观的想象无止境地在它们的脑海中涌现出来。它们怨叹自己天生不幸，既没有力气，也没有翅膀，日子只能在东躲西藏中度过，就连想要好好睡一觉也做不到，因为有什么都听得见的长耳朵干扰，兔子们赤红的眼睛变得更加鲜红了。它们觉得自己的这种生活毫无意义，这又成了它们自我厌恶的根源。它们都觉得，与其一生心惊胆战，还不如一死了之。最后，它们一致决定跳到一个湖里，了结自己的生命，结束一切烦恼。

于是，它们一齐奔向湖边，准备投水自尽。这时，一群青蛙正围在湖边，听到急促的脚步声后如临大敌，立刻跳到深水里逃命去了。本来兔子们每次到池塘边都会看到这些情景，但是今天，有一只兔子突然明白了什么，它大声地说："快停下来，我们不必被吓得去寻死寻活了，因为我们现在可以看见，还有比我们更胆小的动物呢！"这么一说，兔子们的心情奇妙地豁然开朗起来了，好像有一股勇气喷涌而出，于是它们欢天喜地回家去了。

一念之差决定了生与死，这就是关键时刻心态具有的力量。在人的本性中，有一种倾向：我们把自己想象成什么样子，就真的会成为什么样子。所以，良好的心态在我们的一生中起着关键的指导作用。工作也是如此。一个人的工作态度在很大程度上显示了他是否能够担任重大的责任，也决定了他的事业是否能有所成就。一个对工作积极负责的人，无论他现在从事的职业是什么，干苦力也好，当老板也罢，都会从心里认为自己的工作是神圣而伟大的；也不论他的工作多么艰辛，需要付出多少心血，要克服多少困难，他都会迎难而上，用积极乐观的态度去进行工作。

有一个年轻人向一个事业有成的长者诉苦道："你知道吗，世界上再没有什么工作比我现在的工作更糟糕的了，它太能折磨人了。"这个年轻人一会儿抱怨工作这里不好，一会儿抱怨公司那里不好。年长者说："但是，据我所知，你做的这份工作并不像你所说的那样，你还可以从中学到很多的东西。况且与我当年打扫厕所的工作相比，好多了。"

年轻人说："你在说什么呢？我觉得我的工作就是机械运动，每天提供一些体力劳动，我可是大学毕业生啊。"

年长者说："大学生没有什么实践经验，从底层做起很正常，这样就可以积累更多的专业技能，为以后做高层打好基础。"

年轻人苦笑着说："可是我的工作太枯燥了，我从没有觉得从这么简单的劳动中，能学到什么，而且没有幸福可言。"

年长者答道："你错了。不是工作的问题，是自己心态的问题。如果你能热情、认真地对待工作，你就会从中发现很多很多

的乐趣和可以学习的东西。如果你抱着消极的心态去做这份工作，即使是让你做自己喜欢的工作，也学不到什么东西。”

要明白，再糟糕的工作也有值得学习的地方，我们不要像故事中的这位年轻人那样总抱怨工作不好。要用心从工作中学习，善于发现工作的乐趣。对工作的热爱是一种信仰，正如比尔·盖茨曾说：“你可以不喜欢你现在的工作，但你必须热爱它。只要坚持热爱，平凡的工作也会有伟大的成就。”热爱自己的工作，并为之奋斗，不仅能换来很高的报酬，还能让我们拥有事业成就感。

人们都乐意选择能使自己快乐的职业，却往往事与愿违。我们也许很不幸，不能与自己理想的职业“结成连理”，但是不要紧，不是有这样一句话吗：山不过来，我就过去。没有好的工作不要紧，我们可以有好的心态！要知道决定我们真实感受的东西，除了客观存在以外，还有我们的主观意识。比如，美发师羡慕画家可以坐着工作，而画家却很羡慕美发师可以站着工作……虽然工作一时无法选择，但工作的心态我们是可以选择的！既然公司给了我们一个工作舞台，我们就应该最大限度地发挥自己的潜能去“做好工作”。有好心态的员工，会时刻想着为公司多做点什么。多做点事，绝对不会把你累垮的。这种率先主动的工作习惯对员工来说，只会有益处，它会使员工更加敏捷，更加积极。

周强大学毕业后在一家大公司打工，虽然公司里人才济济，自己也只不过是个毫不起眼的小职员，但他一直在为自己的未来做着储备。他不断充电、学习，并着手改进自己的工作，使之更有效率。当大家都按部就班地工作时，他却发明了自己独特的工作方式，更有效率地完成每一项任务。不久，他就因成绩突出，得到了上司的肯定，并被迅速提拔。但周强并不因此满足，他变得更加努力。随着新的创意不断浮现，他在不断地增强自信，也不断创新着工作方式。

周强以实际行动向大家表明：我热爱我的工作，我会做得更好，我会创造更好的成绩！周强有着良好的工作心态，因此他能够不断改进自己的工作。而我们周围的很多人，总是抱着得过且过的心态来对待自己的工作，从未想过自己的工作是否还能更有效率，常常被工作弄得焦头烂额，却始终不明白问题究竟出在哪里！如果你的工作状态不能尽如人意，或者繁忙的工作搞得你手忙脚乱，这就说明你的工作需要改进了。

反思一下，你是否喜欢自己的工作？若答案为否，你能做一些改变吗？如果不能改变工作，或者说，变换工作后仍然没有效果，那就需要改变你自己了。

3. 尊敬工作，你才能成为工作的拥有者

在我们的社会生活中，每份工作都有它的价值。你在这个世界上找到什么样的工作，你便会过着什么样的生活。工作是我们赖以生存的基础，是陪伴我们安然行走在人生大道上的重要保障。因此，对我们来说，一切合法的工作都值得我们去尊重，一切值得我们尊重的工作都有它不容轻视的价值。

通泰电子集团首席执行官的克林斯顿在向外界介绍他的成功秘诀时说："我并不认为自己有多么优秀，我只是经常对自己的员工强调：在公司中无论你是什么身份，干着什么样的工作，是CEO，还是普通员工，都必须记住一点，否定自己的劳动是个巨大的错误，只有看重自己所从事的工作才会有发展。"

在一所学校里，有一位年过花甲的老人，她的职业是给学校拉上课铃，这个工作她一干就是30年。在这30年里，学校送走了一批又一批的学生，老人也在学生的眼里，由"校工阿姨"变成了"校工奶奶"。她在这个岗位上从没误过一天工，不管刮风下雨，她都坚持着拉铃的时间不晚一分一秒。

后来，老人已经60岁了，由于年龄的关系，她不能在学校继

续工作了。离开学校的那天，校长和学校里所有的老师都来为老人送行，老人说，想要学校送给她一件东西，留个纪念。校长说，已经为她备了一份礼物——一件纯毛毛衣。老人说："不，我要的是这个。"说罢，老人从屋里拿出一个红布包，里面包着一只学校里早已淘汰不用的铜铃。她说："这只铜铃陪了我大半辈子，我想把它带回家去，看到它就能想起我工作的日子。"听了老人的话，在场的所有人眼睛都湿润了。

诚然，这位老人的工作岗位很平凡，甚至在许多人眼中很不起眼。但正是这个工作岗位陪伴了她大半生的光阴，同时，也正是她的勤恳态度为这个岗位增添了庄严的分量。我们也许无法选择自己的工作，因为很多时候人们的选择自由度确实不大。但是，一旦你参与了某项工作，来到某个岗位上，就必须要有把它做好的态度。因为怎样去面对工作，这个态度的决定权是在你的手中。有句话说得很好：我不能选择容貌，但可以选择表情；我无法选择天气，但可以选择心情。同样，我们也可以说：你无法选择工作，但可以选择态度。

对于工作来说，无论工作平凡或伟大，无论困难或容易，你的态度都将决定你能够取得怎样的成果。乐观的态度可以使平凡变成伟大，悲怯的态度可以使伟大变成平庸。可以说，我们的态度决定了一切。我们知道，一个人认为自己是怎样的，他便会朝着自己认定的那个方向发展。你认为自己的工作很卑微，没有前景，所以每天要去工作只是为了糊口。你对工作缺乏热情，甚至消极怠工，工作自然不会使你成功。同样，你认为自己能力有限，不能承担重任，因此在工作上从不去积极进取。这些想法就注定你只能成为公司的二流员工，平平庸庸地过一辈子。反过来，如果你认为自己很重要，自己的工作也非常重要，便能在工作中不断总结经验，接收到一种积极的心理暗示，这会帮助和促使你把工作中的每一件事都做得更好。把工作做得更好意味着更多的升迁机会、更多的薪金、更多的效益，以及更多的发展空间。因此，一个人尊重工作其实就是尊重自己。

亨利和阿尔伯特是同班同学，两个人大学毕业后，恰逢英国经济动荡，都找不到适合自己的工作，便降低了要求，到一家工厂去应聘。恰好，这家工厂缺少两个打扫卫生的职员，问他们愿不愿意干。亨利略一思索，便下定决心做这份工作，因为他不愿意依靠领取社会救济金生活。尽管阿尔伯特根本看不起这份工作，但他愿意留下来陪亨利一块儿干一阵子。因此，他上班懒懒散散，每天打扫卫生时敷衍了事。一次，两次，三次，老板认为他刚从学校毕业，缺乏锻炼，再加上恰逢经济动荡，也同情这两个大学生的遭遇，便原谅了他。然而，阿尔伯特内心深处对这份工作抱着很强的抵触情绪，每天都在应付自己的工作。结果，刚干满了三个月，他便彻底断绝了继续干这份工作的念头，辞了职，又回到社会上，重新开始找工作。当时，社会上到处都在裁员，哪儿又有适合他的工作呢？他不得不依靠社会救济金生活。

相反，亨利在工作中，抛弃了自己作为大学生——高等学历拥有者的身份，完全把自己当作一名打扫卫生的清洁工，每天把办公走廊、车间、场地，都打扫得干干净净。半年后，老板便安排他给一些高级技工当学徒。因为工作积极，认真勤奋，一年后，他成为了一名出色的技工。不仅如此，他始终抱着一种积极的态度，在工作中不断进取，认真负责。两年后，经济动荡的局面稍有好转时，他已成为了老板的助理。而阿尔伯特此时才刚刚找到一份工作，是一家工厂的学徒。但是，他认为自己是高等学历拥有者，应该属于白领阶层。结果，他在自己的工作岗位上，仍然干得一塌糊涂，终于在某一天又回到社会上去寻找工作。

今天工作不努力，明天努力找工作。一个尊重自己工作的人，工作中任何一件琐碎和不起眼的小事都会成为他成长和锻炼的机会，一个尊重自己所从事工作的人，他的未来必定充满希望。平凡的是工作岗位，平庸的是工作态度。无论你从事的工作多么琐碎，都不要看不起它。只要你诚实地劳动，没有人能够贬低你的价值，你在工作中所收获到的一切，完全取决于你对工作的态度。

王安刚毕业的时候，工作热情特别高，总想按时超量地完成上司交给自己的任务，来展示自己的才能。因此，他总是在工作中特别认真，对每一个细节都尽心尽力，哪怕这个细节无关紧

要。结果却适得其反，他不但没有及时完成上司交给自己的任务，还因消耗太大而被老板骂。

因此，王安每天都会很郁闷，但是他并没有静下心来总结经验教训，反而认为老板不够重视有才华的员工，就处处和老板作对。跟这个员工说不满，跟那个员工说郁闷。同事一起聚会的时候，也会吵着辞职，这让老板和同事都很不满。后来，老板就给他结了工资，让他走人了。

像王安这样，一遇到挫折就不满就发泄，或者以跳槽来威胁，这只会让同事、老板反感。工作是人的使命所在，是人类共同拥有和崇尚的一种精神场所。敬重自己的工作，将工作当成自己的事，是一种最基本的做人之道，也是成就事业的必要条件。敬重自己的工作，将工作当成自己的事，表面上看起来是有益于公司，有益于老板，但最终的受益者却是自己。

20世纪50年代初，有一个叫柯林的年轻人，每天很早就到卡车司机联合会大楼找零工做。后来，一家百事可乐工厂需要人手擦洗工厂车间的地板，没有一个人去应征，但柯林去了。有一次，有人打碎了一箱汽水，弄得满地都是泡沫。他虽然很生气，但却还是耐着性子把地板抹干净了，因为柯林明白：这是他的岗位职责。而他的这一举动恰好被公司领导看到了，第二年他便被调往装瓶部，他仍旧认真地完成自己的本职工作，第三年就被提升为副工长。

许多年后，全世界的目光都聚焦在他的身上——美国前国务卿柯林·卢瑟·鲍威尔。他在自己的回忆录中写道："工作是为了自己，只要你永远认真努力地去对待自己所从事的工作，并把每一件事情做好，你一定会有所成就的。"

尊敬工作，你才能成为工作的拥有者。当我们将敬业变成一种习惯时，就能从中学到更多的知识，积累更多的经验，就能从全身心投入工作的过程中找到快乐。无论从事什么职业，无论身处什么行业，敬重自己的工作，将工作当成自己的事至关重要，再没有比"我只是在为别人工作"这种观念更伤害我们自己的了。所以，我们应该深刻体会这个人生哲理：只有抱着"为自己工作"的心态，弄明白"在为他人工作的同时，也是在为自己工作”这个朴素的人生理念，才能心平气和地将手中的事情做好，最终获得丰厚的物质报酬，赢得社会的尊重，实现自己的人生价值。

4.

以认真的态度对待每一项工作

传说古代西方有这样一位哲人，每当他听到人们夸奖某个年轻人天赋过人、前途远大时，他总会追问一句：“这个小伙子工作认真吗？他是否勤奋？他是否认认真真地对待自己的人生？”的确，在那位哲人的眼中，一个认真工作的青年，才是真正值得赞许的。当然，也只有碰上这样的青年，人们才应当对他的未来做些美好的预期。而那些才华横溢却不认真的青年，往往一事无成。

认真，无疑是一种伟大的力量。工作上的很多成就，大多是靠认真努力换来的。现在很多成绩优秀、智商过人的大学毕业生苦于找不到工作。很多已经找到工作的职场新人，则苦于无法向企业证明自己的才能，甚至时常遭企业辞退。这当然是很可惜的！其实，无法展示自己才能的原因，就在于对待工作不够认真。

有个故事说一个很笨的人想学习功夫，但因为他太笨了，哪个师傅也不肯收他。最后一个师傅被他缠得不耐烦了，就把他叫了过来，然后从地上拿起一根木棍，想教他一招。但是一想这个徒弟太笨，万一出去给自己丢人怎么办？于是他叹息了一声，举起棍子大喊一声：“去吧！”将棍子扔了出去。

这位徒弟也笨得出奇，就把师傅扔棍子这个动作当成教给他的妙招，高高兴兴地去了。以后的日子里，他天天苦练这一招，手中的棍子也从木棍换成了铁棍，并且重量也越来越重。

十年过去了，突然有一天，一个高手到这里挑战，先后打败了师傅所有的徒弟，最后这位师傅也被打败了。到了最后关头，这个笨徒弟挺身前去迎战，他的脚往擂台上一跺，擂台就地动山摇般地摇动起来。然后他大喊一声“去吧”，紧接着手中上百斤的铁棍飞了出去，速度快得让那位高手不敢接招，只好当场认输了。

这下子，所有人都看着这位“笨蛋”徒弟，惊奇得说不出话来，他怎么会这么厉害？

秘密是什么呢？就两个字：认真！

这个故事告诉我们：无论多么简单的事情，只要你认真地去学、去做，你就能有不凡的表现。一旦把认真变成习惯，即使能力平平的人，也会焕发出令所有人感到敬畏的力量。世界上任何的伟大成就，无一不是靠认真努力的工作换来的。认真，仿佛是人生的“发动机”，能激发起每个人身上蕴藏的无限潜能。认真，不仅是一种对待事业和人生的态度，一种职业精神，它更是一种重要的能力。一旦认真渗入进自己的骨髓，融化进自己的血液，你就能焕发出一种神奇的能量。

1944年，盟军完成了对德国的铁壁合围，法西斯第三帝国覆亡在即。当时，整个德国笼罩在一片末日的气氛里，经济崩溃、物资奇缺，老百姓的生活陷入了严重困境，食品短缺已经使无数人徘徊在死亡的边缘。更糟糕的是，由于寒冷，又没有足够的燃料，人们也许无法挨过漫长的冬天。在这种情况下，各地政府只得允许老百姓上山砍树。你能想象帝国崩溃前夕的德国人是如何砍树的吗？在生命受到威胁时，人们非但没有去哄抢，而是先由政府部门的林业人员在林海雪原里拉网式地搜索，找到老弱病残的劣质树木，做上记号，再告诫民众：如果砍伐没有做记号的树，将要受到处罚。在有些人看来，这样的规定简直就是一个笑话：国家都快灭亡了，谁来执行处罚？

当时，由于希特勒做垂死挣扎，几乎将所有的政府公务人员都抽调到前线去了，看不到警察，更见不到法官，整个国家处于无政府状态。但直到第二次世界大战彻底结束，全德国竟然没有发生过一起居民违章砍伐无记号树木的事。这是季羡林先生在回忆录《留德十年》里讲的一个故事。目睹了这一幕，虽事隔50多年，他仍然感叹不已。他说，德国人“具备了无政府条件，却没有无政府现象”。是一种什么样的力量，使德国人在如此糟糕的情况下，仍能表现出超出一般人想象的自律？答案就是认真的工作态度。因为对德国人来讲，认真是一种习惯，它深深地根植到每一个人的血脉中。因为“认真”这两个字，德意志民族在经历了上个世纪两次毁灭性的世界大战之后，又奇迹般地迅速崛起。

也许，我们从小就被教育“要认真学习，要认真工作”，不免对“认真”两字听得耳朵都起了茧。我们总以为很多事情都是可认真可不认真的。一不小心，敷衍的魔鬼就钻进了心里，我们会想不过一件小事，没有必要太认真。殊不知，正是一次又一次的自我纵容，让我们与成功失之交臂。结果，那些看似天资平凡却肯认真做事的人超越了我们，而我们却在原地踏步。

詹姆斯是一家连锁超市的打包员，每天机械地做着这个几乎是一成不变的枯燥工作，他感觉毫无业绩可言，还对工作产生了厌倦情绪。直到有一天，他在听了一场以“培养认真工作习惯”为主题的演讲会后，这种情况开始变了。

詹姆斯开始学计算机，并且设计了一个能够自动搜索“每日一得”的程序。每天下班后，他就会把搜索到的“每日一得”打印出来，并在每份的背面都签上他的名字。第二天他给顾客打包时，就会把这些温馨有趣或引人深思的“每日一得”纸条放入顾客的购物袋中。他希望通过自己的努力让这份枯燥乏味的工作变得充满情趣，并且让顾客感受到商店对他们的关心。结果，奇迹出现了。一天，连锁店经理到店里例行巡视，来到詹姆斯的结账台前，他发现排队的人竟比其他结账台多出3倍！经理大喊道：“不要都挤在一个地方，多排几队。”但是没有人听从他的安排。

“我们排詹姆斯的队是因为我们想要他的‘每日一得’，”有

一个女顾客走过去对经理说，“现在只要我从这里路过我就会进来，要知道，过去我可是一个星期才来一次商店的。”

就像詹姆斯，人一旦对自己要做的事情认起真来，就会不由自主地打起精神，做出一些连自己都意想不到的创举。不仅如此，当你开始认真工作的时候，你会给自己提出更高的要求，也就会不断地意识到自己的不足，并用心改进。自然而然地，你的本事就会不断提高。

认真，无疑是能力的“催化剂”。没有不重要的工作，只有不认真工作的人。一个人的能力再强，如果他不愿意付出努力，那他就不可能创造优良业绩。而一个认认真真，全心全意做好本职工作的员工，即使能力稍逊一筹，也难创造出最大的价值。只有养成人真的习惯，我们才能好提高工作效率，才能充分展现自己的能力，才能在自己的职业生涯中获得成功。

5. 积极主动，把心思都用在工作上

生活中，很多人对工作不满意，他们抱怨薪水太低、没有发展前途等，总觉得现有工作已不值得留恋。特别是刚工作不久的员工，在单位接触的都是一些平常工作，慢慢就觉得平平淡淡的生活对自己是一种折磨，觉得自己怀才不遇。再看看周围比自己干得好的同学、朋友，跳槽的念头就油然而生。其实，这种想法大可不必。很多时候，只要我们主动一点，就会发现自己的工作大有可为。

工作中，每一件事都要用心做，这是每个员工应该具备的美德。用心对待工作，把心思都用在工作上会让你的工作越来越顺手顺心，也会让同事领导很快地接受你。一个员工把心思都放在了工作上，才能从中发现问题，才可以找到解决的办法。不论你现在的工作是什么，公司老板或清洁工，无论是谁都要认真对待工作。只要你积极主动用心地去做，再平凡的工作也能让你变得平凡。

美国著名的职业演说家马克·桑布恩先生，刚刚搬入新居几天，就有人来敲门。他打开房门一看，外面站着一位邮差。

“上午好！桑布恩先生！”邮差带着一股兴高采烈的劲头说，“我叫弗雷德，是这里的邮差，我顺道来看看，并向您表示欢迎，同时也希望对您有所了解。”尽管中等身材、蓄着一撮小胡子的弗雷德相貌很普通，但他的真诚和热情却始终溢于言表。当桑布恩告诉弗雷德，自己是一位职业演说家，一年中大概有200天左右出门在外时，弗雷德说：“既然如此，那您出差不在家的时候，我可以把您的信件和报刊物品代为保管，打包放好，等您在家的时候，我再送过来。”弗雷德的细致让桑布恩很吃惊，他对弗雷德说：“没有必要那么麻烦，把信放进邮箱里就可以了。”弗雷德却耐心地解释说：“桑布恩先生，窃贼会经常窥视住户的邮箱，如果发现是满的，就表明主人不在家，那您可能就要深受其害了。我看不如这样，只要邮箱的盖子还能盖上，我就把信件和报刊放到里面，别人就不会看出您不在家。塞不进邮箱的邮件，我就搁在您房门和栅栏门之间，从外面看不见。如果那里也放满了，我就把其他的留着，等您回来后再送过来。”

弗雷德的这种主动负责精神实在让桑布恩感动，无论如何，他都没有理由拒绝弗雷德近乎完美的建议了。两个星期后，桑布恩出差回来，刚刚把钥匙插进房门的锁眼，突然发现门口的擦鞋垫不见了。他转头一看，才发现鞋垫不知何时被人移到门廊的角落里去了，下面还遮着什么东西。原来，在桑布恩先生出差的时候，联邦快运(USP)误投了他的一个包裹，给放到了沿街再向前第五家的门廊上。幸好弗雷德发现包裹送错了地方，并它捡起来，放到桑布恩家，还在上面留了张纸条，解释了事情的来龙去脉，又是他拉来擦鞋垫把它遮住的。

在接下来的10年里，桑布恩一直受惠于弗雷德的杰出服务。一旦邮箱里的邮件被塞得乱糟糟，那准是弗雷德没有上班。

只要是弗雷德在他服务的邮区里上班，桑布恩信箱里的邮件一定是整齐的。桑布恩开始把弗雷德的事迹放在自己的演说里，在全国各地进行演讲，听众从他的故事里得到了很大的激励和启发。一位听讲的经理对桑布恩说，自己的理想就是做一个弗雷德那样的人，并且希望自己企业的员工也都能像弗雷德那样敬业。美国邮政帮会为此还专门设立了“弗雷德奖”，专门奖励那些在投递行业中积极工作的员工。

积极工作，看起来如此微不足道，反应的却是一个员工对待工作的态度，而这常常被那些眼高手低的职场中人所忽略、遗忘，他们渴望干一番惊天动地的大事业，然后一举飞上枝头当“凤凰”。的确，在这个略显喧嚣的社会里，那些默默无闻的即使将工作做到最好的劳动者也常常被人遗忘，而那些投机取巧者却名利双收。现实的职场之中，你将发现：工作是为了自己，不是为别人。公司虽然是老板的，但舞台却是自己的。换句话说，成为工作的主人还是被工作奴役，完全取决于你对待工作的态度。

主动工作的态度，会为一个人既定的事业目标积累雄厚的实力，也会给公司和老板带来最大化的利益。所以，在每一个公司里，主动做事的员工是老板比较青睐的。华人富翁王嘉廉说：“一个主动工作的员工，我们应该发给他双倍的薪水。”这告诉我们主动工作的员工是企业的财富，也是企业真正需要的人。从平凡到优秀其实只有一个秘诀，那就是工作上要主动一点，再主动一点。只要积极主动去做，每个人都能成为最优秀的职业人！

库伯曾经服务于一家大型建筑公司，他的主管不但是该家族公司集团中的总经理，又是第一位被提拔的非家族成员，他所承受的压力自然可想而知。所以，他对下属非常严格，甚至有点鸡蛋里挑骨头。不过，库伯觉得自己在公司待的时间长了，还是有能力驾轻就熟，应付他的各种命令的。

一次，主管要求库伯为一个董事会准备资料，库伯迅速整理了从各部门呈上来的报表，工作很快就完成了。但是当库伯把资料交上去之后，总经理只说了一句话：“不用心。”库伯很不服气，他告诉总经理，为了这份材料，他已经很久没有按时吃晚饭了。总经理叹了一口气说："你自己对这堆资料满意吗？不满意，你就是在敷衍工作。记住：敷衍工作首先就是敷衍自己。"

库伯的问题，不是因为他不聪明，没有能力，而是不愿将问题看透，这样导致他习惯性地在工作中糊弄事。他虽然牺牲了吃晚饭的时间，但是并没有用心去做。如果总经理拿着他给提供的资料上会议桌，肯定会受到董事们的批判。

类似这种类型的员工，在我们的身边并不少见。他们每天早出晚归，忙忙碌碌，却不愿尽职尽责；每天按时打卡，准时出现在办公室，却没有及时完成工作。对他们而言，工作只是一种应付：上班要应付，加班要应付，领导分派的工作要应付，顺理成章地，工作检查更要应付，这种对工作一点心思都不用的人是不可能有什么成就的。

当然，把心思用在工作上，说来简单，但要真正以实际行动来实践目标、实施计划，却并不是一件很容易的事。还需要有坚持不懈的韧劲，有坚定不移的意志。

曾经有一家企业，因经营不善濒临破产，厂长无奈之下请来一位德国专家改善经营管理。企业员工翘首盼望着德国专家能带来令人耳目一新的管理方法，将企业从危机中拯救出来。但出乎意料的是，这位专家来了之后，却什么都没有改变。制度没变，人员没变，机器设备没变。他只提出了一个要求，就是把先前制定的制度坚定不移地贯彻落实下去。结果，不到一年，企业就扭亏为盈。

德国人的绝招是什么？就是所有的计划和制度都要不折不扣地贯彻落实。职场成功有时并不需要什么新办法，只不过是把心思都用在工作上，做好、做透而已。

6. 不要只做老板吩咐你的事

当下，老板欣赏的是那种不必自己交代而积极主动去做事的人。那些不论老板是否安排任务、自己主动促成业务的员工，那些交给任务、遇到问题后不会提出任何愚笨问题的员工，那些主动请缨、排除万难、为公司创造利润的员工，就是时下老板要找的人。

如果你想取得和老板一样的成就，办法只有一个，那就是积极主动地工作。一个总能把工作做得比老板预想得还好的员工，将会征服任何一个老板。一位善于主动做事的员工，这样描述自己的职责："在这个不断变化的世界里，我有责任为改变我自己以及我所在的公司和社会尽力。这意味着我必须考虑到他人和我自己的各种行为产生的长远后果。我必须努力争取双赢。我所在的公司把我看成是一个值得信赖的员工，一个能够大胆直言、提出问题和提供建议的人。虽然我正式的工作职责中并不包括这部分内容。"

小牛过去一直有怀才不遇的感觉，进公司快一年了，她觉得自己一直在打杂。这天下午，上司把她叫了过去，让她在两个星期内完成一份当前整个北京各大商场基本情况的调查报告。虽然公司是做家电生产的，但她从未涉及过商业方面的事情，于是她对上司脱口就问："到哪里去找资料？"

上司淡淡地说："你自己想办法吧。"说完，就外出办事去了。

小牛有些愣住了。平时总想做点具体工作，但当具体工作真正到来时，又有些措手不及。

显然，小牛在工作中缺乏主动精神。在职场，有很多的事情也许没有人安排你去做。如果你主动地行动起来，不但锻炼了自己，同时也为自己积蓄了经验。其实，主动是为了给自己增加机会——增加锻炼自己的机会，增加实现自己价值的机会。

有个神仙托梦告诉一个人，他身上将会发生几件大事，他将由此获得金钱财富、令人仰慕的地位以及娇美的妻子。

这个人终其一生都在等待这个奇迹的出现，奇怪的是，他的生活平平淡淡，日子过得苦不堪言，更甭说发生什么大事了。他死后来到了天堂，见到那个神仙后，有些生气地说："你曾暗示过我将得到的那些东西，为什么我等了一辈子都没有看到呢？"

神仙说："当初我只承诺过要给你机会得到这些东西，可你却让机会从身边溜走了。"这个人迷惑不解。

神仙解释说："你记得曾经有次想到了一个好点子，但你因害怕失败而没有行动吗？"这个人点点头。

神仙继续说："正因为你的裹足不前，这个点子被另外一个人采用了，他由此获得了巨额财富，成为全国最有钱的人。还有，你还记得一次城里发生大地震，多数的房屋倒塌，好几千人被困在倒塌的房子里。你有机会去拯救那些存活的人，但你担心小偷趁你不在家的时候偷你家里的东西，所以只守在自己家门口。"这个人面露尴尬的神色。

神仙说："你完全可以在那次地震中救出几百个人，并获得极大的尊荣！"

神仙又问："你还记得那个漂亮的蓝眼姑娘吗？你暗恋她却不敢表白，因为你怕遭到拒绝？"

这个人又点点头。

神仙说："你知道吗？你和她本应成为夫妻的，你们还会有好几个漂亮的小孩。"

看完这个故事，你是不是也联想到了自己？我们经常为自己过去没有做某些事情而悔恨莫及。但是，机会多是自己制造的，自己把握的。就像上例中的那个人，他完全可以拥有财富、名气和幸福美满的家庭。可是，当机会来到他的身边时，他退缩了，结果一切所谓的"奇迹"都没有发生，他的一生过得很凄苦。

据说拿破仑在打了一次胜仗之后，有人问他："如果有机会，你是不是

还要打一场漂亮的仗？”拿破仑说：“什么是机会，机会是人创造的。”人生也是如此，只要能够主动出击，到处都存在着机会。学校的每一门课程、报纸的每一篇文章、每一个客人、每一次演说、每一项贸易，全都是机会。可是我们经常像故事里的那个人一样，或是因害怕而停止了脚步，或是守株待兔。但人生有几个十年呢？李嘉诚用了五个十年，创造了庞大的事业帝国。我们呢？我们要虚度几个十年，才懂得后悔？人生中处处有机会，你失掉了，自有别人得到。

A在合资公司做白领，觉得自己满腔抱负却没有得到上级的赏识，经常想：如果有一天能见到老总，有机会展示一下自己的才干就好了！A的同事B也有同样的想法，他不光想，还打听老总出现的场合、时间，并尽量使自己遇到老总，打个招呼，或是聊个天。

他们的同事C更进一步。他详细了解了老总的奋斗历程，弄清老总毕业的学校、行事风格、关心的问题，精心设计了几句简单却有分量的开场白，再算好时间去乘坐电梯，跟老总打过几次招呼后，终于有一天跟老总长谈了一次，不久就争取到了更好的职位。

在工作中，我们不要抱怨没有加薪的机会，没有升迁的机会，没有发展的机会，其实公司给我们每个人的机会都是平等的，就看你有没有抓住这些机会的意识。美国钢铁大王卡耐基说过一句名言：“机会是自己努力造成的。”任何人都有机会，只是有些人善于创造机会罢了！没有机会就要制造机会，社会、企业只能给你提供道具，而舞台需要自己搭建，演出需要自己排练，能演出什么精彩的节目，有什么样的收视率，决定权在你自己。

因此，工作中不要只做老板吩咐你的事，而要学会主动。不要以为只有管理层必定会了解某个糟糕的问题，从而会发出指令、采取措施化解问题。今天，所有的商业领域变化的速度越来越快，管理层越来越不可能在第一时间内了解所有该做的事情。因此，消极地等待上司对某个问题的注意，是不负责任的，势必损害公司利益。因此，你必须发扬主动精神，变“要我做”为“我要做”。无论面对的工作多么枯燥乏味，“我要做”的主动精神都会让你取得非凡的业绩。这也是优秀员工之所以优秀的最根本原因。

7.端正态度，不要为自己找借口

在工作中，我们经常会听到这样或那样的借口。借口在我们的耳畔窃窃私语，告诉我们不能做某事或做不好某事的理由，它们好像是“理智的声音”、“合情合理的解释”。比如上班迟到了，会有“路上堵车”、“手表停了”、“今天家里事太多”等借口，业务拓展不开，工作无业绩，会有“制度不行”、“政策不好”或“我已经尽力了”等借口，事情做砸了有借口，任务没完成有借口。只要去找，借口无处不在。

小黄大学毕业后到一家公司做秘书。刚开始的时候，老板觉得她还不错。不久后，老板便发现小黄身上有个很大的毛病，就是遇到问题总喜欢找理由，从来都不想办法解决问题。

一次，公司新上了一个项目，要做一些宣传材料。老板吩咐她：“小黄，你把这些宣传材料复印50份，明天早上交到我手上，千万不能耽误了！”

小黄满口答应：“放心吧，明天早上9点准时送到您手上！”老板听了，满意地点点头。

可是，第二天小黄急匆匆地跑来对老板说：“昨天赶着做的，可是复印机坏了，所以还没有印完。”

老板不高兴地说：“复印机坏了，那你怎么不去找人修啊？”

小黄无奈地说：“我找了，可是修电脑的小王请假了。”

“小王请假了，你可以去找维修公司啊！”

“维修公司来人修了，可是到下班了才修好，我临时有事回家了，所以……”

老板无奈地说：“先这样吧，你现在赶紧去做，不能再耽误了！”

事后，小黄暗自庆幸，心想反正做错了事老板也不会怎样，更加不把工作当回事了。不久，老板又派她到其他几个分公司送材料。结果，她跑了一个分公司就回来了。

老板问她为什么没有去其他的公司，她说：“我来到这个城市才几个月，很多地方我还没去过，不认识路，问了很多人，才找到一个公司。”

老板听了很生气，便厉声问道：“你跑了一天就找到一家公司，你这一天都在干什么？”

小黄说：“我找得很辛苦，好不容易才找到一家。”

老板说：“既然不知道路，为什么不打电话到公司问清楚？”

小黄嘴里嘟囔着说：“大热天的让人家出去跑，反正我已经尽力了。”

老板听了更加恼火，终于下了辞退小黄的决心。

我们为什么喜欢在工作中找借口？其实很简单，找借口能够推卸责任。很多时候，当遇到各种失败或者困难时，我们常常会抱怨一些外在的条件，甚至怀疑自己的能力，把困难看得比天还大，把希望和努力想的比针尖还小，那么就只剩下抱怨和找借口了，而找借口的唯一好处就是安慰自己，获得些许心理慰藉。但是，借口的代价却无比昂贵，给企业和个人前途带来的危害一点也不少。

借口是制造失败的根源。借口是推诿的挡箭牌，是无能的遮羞布，是懒惰的代名词。一个人越是成功，越不会找借口。工作中，百分之九十九的失败都是因为人们习惯于找借口。找借口是拖延的温床，找借口的实质是在推卸自己的责任。在结果和借口之间，选择结果还是选择借口，体现了一个人的工作态度。

工作中，态度端正与否，决定一个人的成败。态度端正的人，肯定把责任往自己身上揽。态度消极的人，会糊弄工作糊弄自己。有什么样的态度，就有什么样的选择；有什么样的态度，就有什么样的结果。成功的关键在于不找借口。优秀的员工从不在工作中寻找任何借口，他们总是最大限度地满足客户提出的要求，而不是寻找各种借口推诿；他们总是出色地完成上级安排的任务，替上级解决问题；他们总是尽全力配合同事的工作，对同事提出的帮助要求，从不找任何借口推托或延迟。

约翰·吉米是美国一家人寿保险公司的保险员，他花65美元买了一辆脚踏车到处拉保险。不幸的是，成绩始终是一片空白。可是，吉米毫不气馁，晚上即使再疲倦，也要一一写信给白天被访问过的客户，感谢他们接受自己的访问，力请他们加入投保的行列，每一字每一句都写得诚恳感人。

可是，任凭他再努力、再劳累，也没有产生效果。两个月过去了，他连一个顾客也没有拉到，上司催他也是愈来愈紧。劳累一天回来，他常常连饭也没心情吃，虽然娇妻温顺体贴，但一想到明天，他就全身直冒冷汗。

他在日记中写道："从前，我以为一个人只要认真、努力地工作，就能做好任何事情。但是这一次，我错了。因为事实显然并不如此！我辛辛苦苦地跑了68天，然而，却连一个客户也没有拉成。唉！保险工作，对我很不合适，不如换个地方找工作吧……"

妻子劝告他说："坚持下去，就有盼头。"吉米听从了妻子的劝告。

吉米曾想说服一个小学校长，让他的学生全部投保。然而校长对此毫无兴趣，一次一次地拒吉米于门外。当他在第69天再一次跑到校长这里来的时候，校长终于为他的诚心所感动，同意全校学生投保。他成功了！坚持不懈的精神，使他后来成了著名的保险推销员。

一个推销员，如果在推销失败，遭人拒绝、嘲笑时就畏惧、退缩甚至放弃，那成功怎么会找上门来呢？只有具有坚持不懈、绝不放弃的心态，才有成功的那一天。因此，优秀的员工从不在工作中寻找任何借口。再妙的借口对于事情本身也没有丝毫的用处。不找借口，就是敢于战胜困难；

不找借口，就是永不放弃。

一个名牌大学的毕业生，被分配到了一个山区当小学教师，为此，他感到非常失落。他不断地托人找关系，投送求职书，希望能够找到一份理想的工作。然而，不管他的求职书写得多么漂亮，却没有一家单位接纳他，因为所有的用人单位都不相信一个没有积极的工作态度，一个不能把本职工作做好的人的能力。无奈之下，他只好面对现实，调整心态，勤勤恳恳地工作。

数年之后，他真正地融入了山区小学的教学工作中，而这时候，他的教学能力也彰显出来了，他教的学生都很优秀，他的教学论文也频频在权威杂志上发表。这时候，很多的教育机构向他发来了邀请函，电视台和报纸都纷纷报道他的故事，高度称赞他的教学水平和工作态度，最后他被评为优秀教师。

“三百六十行，行行出状元”。立足岗位，能把本职工作做好做精，成为岗位能手、专家，就是一个成功的人。无论自己的工作岗位如何，都要有积极向上的工作态度。人的很多决定和行为来自于人的工作态度，作为企业的员工需要有正确的工作态度，你的工作态度就决定了你的前景。

第四章

爱岗敬业，做好本职工作是成功的根基

做好本职工作是职业生涯成功的根基，善待工作是我们的一种责任。找到一份工作不容易，每一份工作都值得珍惜。工作不仅是我们安身立命之本，也是实现自我价值的舞台。没有工作，我们的一切都无从谈起。而频繁跳槽决定了一个人在岗位上只能是“蜻蜓点水”，想的不是好好工作，而是另谋高就。频繁跳槽留给无数个老板扬长而去的背影，潇洒走一回之后，换来的是漫长辛酸的求职之路。

1.

热爱自己的工作，不随便跳槽

在职场中存在着一个很普遍的现象，很多人对自己的工作无法保持持续稳定的热情。当进入一家新公司一段时间后，就对工作逐渐失去了兴趣，就像他们自己所说的，对工作总是“三分钟的热情”。的确，在一个公司待久了或者长时间重复做同一件事情，会消磨掉人的工作热情，但别以为下一份工作会更好，跳槽决并不是解决这一问题的最好办法。其实，工作并不只是谋生的手段，当我们把它看做一种快乐的使命，并投入自己的热情时，上班就不再是一件苦差使。我们只有从内心深处热爱工作，才能在工作中释放自己的热情，从而获取巨大的快乐和成功。

欣怡大学刚毕业就到一家世界500强的企业做了会计，当初得到这份工作的时候，她周围的多少同学无不嫉妒。在过了差不多10年的安稳日子之后，她的同学却已不可同日而语了，有的做了酒店经理，有的成了IT企业的高端研发员，有的经过不断深造，成为知名摄影师。

而欣怡呢，日复一日的报表让她已失去了工作热情，她对工作的态度从以前的充满热情变成了厌倦。她以前的同学们生活已经发生了翻天覆地的变化，而她10年来竟然还在原地踏步。所以，现在当她看到自己桌上堆成山的报表就觉得头痛、烦躁，更别说用心去做了。她觉得10年来自己的工作从来没改变过，永远是报表、报表、报表，在办公室里她总是一副懒洋洋的样子，做什么都提不起兴趣。有这种低迷的精神状态，她的工作质量

如何就可想而知了。上司也由于她经常犯错致使多次退件，对她提出了警告。欣怡也觉得自己继续这样下去，非得忧郁症不可，可是10年的重复劳动，真的把她原本的锐气、斗志和热情都耗光了，现在的她，真的不知道怎样才能提起干劲来。

在职场上，你是否有这样的感觉：本来是自己向往已久的工作，但做了一段时间后，慢慢地就失去了活力、激情和斗志。感到无法承受现在的工作压力，不能胜任现在的工作，觉得自己的思想就像被吸光了一样，毫无灵感，心情也变得极度烦躁，经常感到疲倦，对什么都不感兴趣。如果是这样，很有可能你已经患上职业枯竭症了。有调查显示，企业白领、心理咨询师、教师、医护人员、新闻工作者、警察等职业人群是职业枯竭的高危人群。

“职业枯竭症”又称“职业倦怠症”，这是一种心理疲惫。众所周知，爱情也有审美疲劳，再漂亮的美女，看久了，也就成了“一般人儿”。工作其实也一样，长期处在同一领域，对于相同的信息每天都要大量地接受，难免会产生感觉以及心理上的疲劳，就会失去最初的新鲜感，感到乏味、枯燥，提不起精神，从而引发职场倦怠症。于是，很多员工每天都踩着点去上班，到了办公室，就坐在电脑前，浏览一下网页，和同事聊聊天，打一下私人电话。好不容易开始工作了，也会敷衍了事，能少干就不多干。想想自己是不是也陷入了职场枯竭，日复一日地在凑合应付呢？是不是觉得日子过得一点儿意思都没有？如果是，那么，可以肯定你已经输掉了过去，甚至输掉了现在，如果你不想连带未来一起输掉，那就想办法改变，唤起你的工作热情吧！

工作热情是职业成功的前提，事业成功与否，往往取决于做事的决心和热情的工作态度。在工作面前，拥有非成功不可的决心和满腔的工作热情时，困难往往迎刃而解，终将取得优良的工作业绩。

美国著名人寿保险推销员弗兰克·帕克，正是凭借着自己的热情创造了职业生涯里的辉煌。在帕克还没进入保险界之前，他是一名职业棒球运动员。但是很快，他就被所在的球队开除了，理由是动作无力，没有激情。球队的经理对帕克说：“没有热情的人，是不配做一名棒球运动员的。其他任何职业也一样。”这样的话让帕克大受打击，却也从中得到了启发。

不久后，帕克来到了一个新的球队，他决定重新开始，立志做美国最有热情的职业棒球运动员。在球场上，帕克就像装上了发动机一样，强力地击出高球，把接球人的手臂都震麻木了。

热情给帕克带来了意想不到的结果，他的球技得到了很大的提高，而且，他的热情也感染了队里其他的队员，大家都变得激情四溢。结果，球队取得了前所未有的佳绩。凭着热情，帕克的薪水比原来增加了很多倍。可惜后来由于腿部受伤，不得不离开球场。此后，他来到一家著名的人寿保险公司当保险助理，整整一年没有一点业绩。帕克又迸发了像当年打棒球一样的热情，很快就成为人寿保险界的推销明星。

热情是工作的灵魂，热情是做一切事情的必要条件，拥有了热情，你就增大了成功的砝码。人类社会的每一个领域，职场中的每一处空间，都等待着热情的人们去拓展。

比尔·盖茨说：“你可以不喜欢你现在的工作，但你必须热爱它。只要坚持热爱，平凡的工作也会有伟大的成就。”假如一个人做什么都做得敷衍塞责、不求甚解，在一个团队中滥竽充数，那么同事和上司都不会喜欢他。因为他对工作漫不经心，得过且过，既谈不上专长，更谈不上业绩。反过来，一个热爱工作的人，情况就会大不相同，因为他们对工作的热爱和执著会使他们成为专家，也会成为同事及老板所喜欢的人。当然，让你去热爱自己的工作，有时候并不是一件容易的事情。你对这份工作实在没有任何兴趣，你就要找出这份工作可以让你感兴趣的东西。

在一个世界500强企业的工厂里，有一个很特别的车间，这个车间的工人个个无精打采。原来，这个车间是整个工厂中最脏最累的一个，每个被分配到车间的人，都认为自己很倒霉。所以，这个车间的工作效率也就可想而知了。有一天，公司总裁突然到这个车间来暗访，对这里的状况很不满意。总裁正准备离开，却发现一个小伙子显得异常快乐，他充满活力，不时地招呼他人，甚至高兴起来还吹起了口哨。

“年轻人，你为什么这么快乐？”总裁不解地问他。

小伙子一边忙碌着，头也不抬地回答道："因为我热爱这份工作！"

总裁很受感动，因为他深知，那些自认为自己倒霉的人，绝不会热爱自己的工作。

热爱工作是一种乐观的信念，热爱工作的人总是怀着这种信念为自己的理想奋斗着。那些热爱工作的人拼命劳作绝不是仅仅为了赚钱，使他们保持工作热情的东西比金钱更为高尚：他们在从事一项迷人的事业！而这项事业，也必将结出丰硕的果实。

在职场中，热爱工作才能取得成功，随便跳槽是浮躁的表现。你可能很不喜欢你眼下的工作，你从工作中得不到丝毫的乐趣，也毫无创造性可言。"简直烦透了！"你觉得百无聊赖。但你要记住，这并不是老板或单位领导的错。老板没有逼着你来他的公司上班，领导也没有强迫你在他的手下吃饭。当初，是你主动应聘到了这家公司；或者，是你托了关系好不容易才挤进了这家单位。你的历史，是你自己写成的。老板待你很刻薄，领导压根儿就没把你当人才看。那么，你就炒他们的鱿鱼好啦！如果你不想炒他们的鱿鱼，就说明他们可能还没你说得那么可怕，那么，需要改变的是你自己。具体的做法就是：爱你的工作，唤起你的热情！

2. 老板不会重用"跳来跳去"的人

职场是人生中一个重要的舞台，可以说，我们生命的三分之一是在职场度过的，很多人动不动就选择跳槽，是因为他们对工作缺乏正确的认识。职业专家认为，跳槽无罪，但是自己的职业生涯需要经营。频繁跳槽本身对用人单位就像是颗"定时炸弹"，企业往往会对其稳定性产生怀疑。

所以，频繁跳槽者在跳槽过程中无形中又增加了求职难度。因此，当换工作成了一种惯性，跳槽也会变成职业生涯发展中的一个致命杀手。

去过动物园的人都知道，猴子总是在假山、树丛间蹦来跳去，一刻也不得安宁。即便是在自己的地盘待个几秒钟，也会因为另一个地方出现食物，而迫不及待地奔过去。结果往往是在别的地盘没抢到好处，回来后发现自己的也没了，到那时就算气得抓耳挠腮也毫无办法。

对于职场人来说，这样“跳来跳去”的例子也不少。有很多人，在得到一份工作后，总觉得这山不如那山高，想要跳到一个更好的公司去。于是，轻易地便舍弃了当前的职位，去另一个地方从头再来。然而，新老板却不会马上就把你当骨干看待，更糟的是你会发现原来这份新工作也存在着不如意。甚至觉得，这里还不如之前的那家公司，并开始怀疑自己跳槽跳错了。

小马是一名刚毕业的大学生；自毕业后，她辗转去了多个城市，一连换了7份工作，但都没有满意的。在家人的劝说下，她回到老家，在亲戚的介绍下，到一家机械厂做财务工作。然而，由于是非科班出身，她工作起来十分吃力，做起结算来也频繁出错，无奈之下，小马再次辞掉了这份工作。

可是，当她又一次开始找工作时，却发现：在大公司面前，自己资历太浅，又不是名校毕业，很难进入。而小公司工资和福利都不尽如人意，自己也不愿意去。几番求职无果的情况下，她只好一边考着公务员，一边继续过着漂泊的生活。

在职场中，跳槽可以说是一个人生选择的过程，若不跳则不知道什么才是适合自己的。然而，若是毫无职业规划，对自己的优势也毫不了解，那么只会越跳越迷茫，成为职场“跳槽族”。对于公司来说，跳槽无疑直接损害了公司利益，浪费了时间和资源。但对于员工来说，弊更大于利。无论是个人经验资本的积累，还是所养成的好高骛远的心态，都会使自身的价值降低，更重要的是难以取得老板的信任。

每个人都想在事业上做出一番成就。然而，作为一名员工，最好不要轻言跳槽。其实，你可以通过在自己的职位踏实工作，积极进取，努力提

高个人能力来接近成功。倘若你一年之内连续换了数份工作，老板必然会怀疑你的忠诚度，那么你在公司的发展也就举步维艰。

作为就要毕业的大学生，琴琴参加一家公司应聘，顺利通过初试、复试，并成功进入面试，可是她突然接到某公司发来的拒聘信，信中一句“您的性格及求职意向与本公司不太符合”让琴琴有些摸不着头脑。

经过多方面打听，她得知这次被拒可能与她写的一篇博客有关。在这篇名为《我的工作我做主》的博客中，琴琴将自己当时的一些求职心态以及对工作的看法都写了上去。据琴琴透露，这篇博客是去年她刚被正在实习的单位拒绝后，为了发泄一下，便在网络上写了篇关于自己对未来职业看法的文章。上面清楚地写出了自己找工作的方向，并表明自己找的第一份工作一定要是家大公司，这样便于将来跳槽。“跳板”、“跳槽”等词语频频出现在这篇文章中。

目前许多公司对要招募的员工要求及标准越来越高，并不只是单看学历或业务水平。每个公司的人力资源部门是有权查找并搜索应聘者资料的，对应聘人员的背景进行调查也是管理中的一个重要环节。有一些公司的人力资源部门在招聘时会对员工做背景调查，其中包括去检索应聘者的空间、博客，从那些“真情流露”的文字中发现应聘者的性格、缺陷，从而来决定是否录用对方。

小刘在大学毕业后进入北京的一家公司工作，当时的月薪是 2000 元，公司和他进行了口头约定，两年内他的工资水平保持 3000 元的提升空间。但小刘并不满足于此，他下定决心，要让老板知道，自己不比公司任何一个人差，自己是最优秀的。

在他的努力下，不到一年，他在公司已经如鱼得水，游刃有余，工作能力也得到大家的肯定。期间，有另一家公司以月薪万元的条件想要挖走他，但他并没有向老板提及此事。在约定的两年内，他甚至从未暗示过要提前终止合约。很多人都说他太傻了，那么轻易就放过另一家公司优厚的条件。

但是，由于出色的工作积累和技术能力，待两年期限结束后，公司不但给予他每月 20000 元的高薪，还提升他作部门主管。按老板的话来说，就是这两年来他的付出，远远高于他所得到的薪水，那么现在他所得到的丰厚回报也无可非议。

在实际工作中，好公司是拒绝频繁跳槽的。老板也不会重用“跳来跳去”的人。真正的高级人才是不用找工作的，因为只有被工作找的份。

一则寓言说猫头鹰急促而忙碌地在树林里飞着。一旁的斑鸠好奇地问：“老兄，你在忙什么？”猫头鹰气喘吁吁地回答：“我在忙着搬家。”

斑鸠疑惑不解地再问：“这树林不是你的老家吗？你干吗还要再搬家呢？”

猫头鹰叹着气说：“在这个树林里，我实在住不下去了，这里的人都讨厌我的叫声，我还有什么必要待下去呢？”

斑鸠同情地说：“说实话，你唱歌的声音实在聒噪，尤其你爱在晚上唱歌，更是扰人，所以大家都把你当做讨厌的人物。其实，你只要把声音改变一下，或者在晚上将嘴巴闭上，那么，情况就会大不一样，这样你还是可以住下来的。如果你不改变自己的叫声或者坚持在夜晚唱歌，即使搬到另一个地方，别人同样还是会讨厌你的。”

由此可知，当我们觉得自身所处的职场环境一团糟，不能再继续融入其中时，逃避并不是最好的方法，关键问题是应让自己静下来并反思：出现这一问题的原因是不是在自己身上。如果是，唯有先改变自己，才能让问题得到解决。否则，不断地“挪窝”只能是对生命的浪费。

3.

做什么工作，就要担起什么责任

在这个世界上，我们每一个人都有责任。责任伴随着我们生命的始终。从我们来到人世间，到我们离开这个世界，我们每时每刻都要履行自己的责任：对家庭的责任、对工作的责任、对社会的责任、对生命的责任。这些责任是每个人推脱不掉的。

责任体现着一个人存在的价值。我们的家庭需要责任，因为责任让家庭更充满爱；我们的社会需要责任，因为责任能够让社会平安、稳健地发展；我们的企业需要责任，因为责任让企业更有凝聚力、战斗力和竞争力。无论你所做的是什么样的工作，只要你能认真地勇敢地担负起责任，你所做的就是有价值的，你就会获得尊重和敬意。

石磊是一名大四的学生，在一家建筑公司实习。刚上班，恰逢当时是工程全面开展的时期，于是，他就被安排到工作第一线——施工现场承担技术方面的工作。施工现场的条件非常艰苦，工地的道路全是土路，一遇刮风下雨，不是风沙弥漫，就是泥泞难行。工地的职工宿舍是临时搭建的简易房，石磊和工地的师傅同吃同住。石磊的工作量不算太大，但是很繁琐，楼上楼下，里里外外，一天至少要跑几十趟。晚上下了班，他疲惫得连饭也不想吃，只想躺下来好好地休息。这些都是石磊以前所从未经历过的，尽管来之前，他已经做好了足够的心理准备，但是现在，他却怀疑自己是否能够坚持下来。就在这时，一件事情彻底改变了他的这些消极想法。那天深夜，天气骤变，电闪雷鸣，不一会儿便下起了倾盆大雨。大家经过一天辛苦的工作，也都非常劳累了，石磊和同一宿舍的工长郑师傅也早已进入了梦乡。突然，门外响起急促的敲门声，有人喊道：“郑师傅，郑师傅，工地基坑边坡有一部分滑坡了!”郑师傅翻身坐起,迅速披上外套,穿好鞋子,戴上安全帽,拿起雨伞和手电,打开屋门,便大步走了出去。不知过了多久,郑师傅才回到宿舍。第二天,石磊忍不住问郑师傅:“工地现场不是还有专门负责的人吗?您告诉他们怎么处理不就成了吗?您这么大岁数了,还要冒雨亲自出去一趟,何苦受这个罪?”郑师傅听了石磊的话,只是微微一笑说:“这是我的责任!”

“这是我的责任!”这短短的一句话,深深地触动了石磊。在郑师傅身上,石磊看到了一名老员工良好的敬业精神和工作责任心。施工现场的技术工作既是辛劳繁琐的,又是责任重大的,技术方面的工作要求自然严格、详细,容不得一丝一毫的放松与懈怠,任何一个不负责任的行为,都可能带来严重的后果。

在这个世界上,没有不承担责任的工作,也没有不需要完成任务的岗位。事实上,我们对工作负责,就是对自己负责。如果你仔细研究一下世界成功人物的人生历程,就会惊讶地发现,他们的工作心态有着惊人的相似。那就是:对工作认真负责,百分百地投入,却从来没有想过要投机取巧,也从来不会耍小聪明。因为他们明白做什么工作,就要担起什么责任!

责任是一种担当,一种约束,一种动力,一种魅力。负责是每个人应有的品质。在这个世界上,没有不需要承担责任的工作,相反,你的职位越高、权力越大,你肩负的责任就越重。只要是你的责任,你就要勇敢地承担。面对你的职业、你的工作岗位,请你记住,这就是你的工作,你要为自己的工作负责。

张晓是一家工厂的厂长,他在工厂工作近十年,一步步从车间普通员工成长为车间主任,最终做到现在的工厂厂长。

在担任车间主任期间,他几乎每天都是第一个到厂,比规定的上班时间提前一小时。到厂后,他会立刻换上工作服,下到车间巡查。查看机器是否出现了故障,查看职工们的工作用具是否摆放整齐完好,查看产品的质量,看成品、半成品是否符合质量标准等。他一道工序一道工序地查看,一个工段一个工段地

查看，不放过任何一个环节。对于发现的问题，根据自己的能力，一般都能做到及时解决。有重大的问题，就记录下来，并跟技术员联系，让他们马上过来检修，保证机器在工作时间能够顺利运转。

有一次，在轧片工段，他听到连续轧片机有轻微的异常响动，根据自己多年来在工厂的实践，他立刻判断可能是链条接口处的卡簧出了问题，于是，他打开护罩，将卡簧固定好，轧片机恢复了正常，整个过程不过用了两分钟。可如果不是发现及时并得到处理，一旦等到正式运转，链条必将拉断，将造成至少半小时的停机，由此带来的损失将达数十万元。

一个岗位就是一份责任，将你放到岗位上，自然要承担起岗位的责任。只有做好自己的工作，尽到自己的责任，才能无愧于心。

张海是一家家具厂的采购员。由于企业计划进一步扩大生产规模，为了提高产品质量以增强市场竞争力，企业决定从东北地区引进一批优良木材，于是，公司派张海去采购这批木材。有的人很羡慕他能有如此“美差”，因为这次公司采购的份额很大，只要在报价上略施小计，肯定能捞不少的“外快”。

到了东北以后，张海并没有直接去找供货商联系，而是先到木材市场做了一番深入细致的调查。他联系到了几个同行，大家在一起交流后，张海发现自己所要采购的这批木材的市场价格比供货商开出的价格要低五个百分点。于是，张海对市场作了进一步的研究分析，很快得到了供货商的价格底线。

张海并没有隐瞒这个事实，立即将自己所掌握的信息向公司作了汇报，在接到公司要求张海全权负责的通知之后，他开始找供货商谈判。由于已经对市场作了调查，张海并没有被供货商的花言巧语所迷惑，最终以很低的价格签订了购买合同。基于张海对公司做出的贡献及对工作认真负责的态度，他很快受到了公司的重用，被任命为供应部门的主管经理。

在工作中，认清自己的责任是很有必要的。当我们接受一份工作时，就相当于站在了属于自己的舞台上，也就意味着承担了一项责任。换句话说,你必须为自己所扮演的角色负责。不管从事什么职业,处在什么岗位,每个人都有其担负的责任,都有自己分内应做的事情。

社会学家戴维斯说:“放弃了自己对社会的责任,就意味着放弃了自身在这个社会中更好地生存的机会。”同样,如果你放弃了自己对工作的责任,就意味着放弃了在公司里更好发展的机会。不负责的人,任何一个公司都会弃若敝屣,即使侥幸留在公司里,也永远不会受到重用。

4. 只有勇于负责,才会成为最合适的人

有时候,我们之所以工作很辛苦,多是因为我们的偏见和误会造成的,或者是说掺杂了太多主观因素。往往你认为的辛苦,在勇于负责的人面前有可能会觉得是一种幸福。所谓的辛苦与不辛苦只是一个相对的概念。既然这样,你就不要总认为工作处处和自己作对,那是不成熟的表现。你还不如以积极正面的态度去看问题,勇于负责,做什么事情都微笑着去面对。

美国著名出版商乔治·齐兹因为家境贫穷,12 岁时便到费城一家书店当营业员。他工作认真努力,而且对他来说工作上没有“分外”的事,他总是主动帮店里做事。他说:“我并不仅仅只做分内的工作,而是努力去做我能力所及的一切工作,并且一心一意地去做。我想让老板承认,我是一个比他想象中更加有用的人。”有这样的信念和坚持,他走向了成功。

著名企业家松下幸之助说:“做人跟做企业都是一样的,第一要诀就是要勇于负责,勇于负责就像是树木的根,如果没有了根,那么树木也就没有了生命。”勇于负责,是每一位员工迈向成功的第一准则。工作就意

味着责任，如果你还不明确自己的职责是什么，那么你就还没有真正地工作。勇于负责是一个人立足职场并做出成绩的基础和保障。

在工作中，不同的工作态度决定了不同的境遇，有的人成为公司里的骨干员工，得到老板的器重；有些人牢骚满腹，碌碌无为。造成这两种截然不同的工作态度的原因就是责任感。

小宋是一家货运公司过磅称重的小职员，由于磅房经常过重车，计量工具被压地失去了准确性，当时机械师请假回家，小宋以前学过这些，于是便自己动手修正了它。结果由于精确度提高了，公司就在这个方面减少了许多损失。其实修理计量工具并不是小宋的职责，他完全可以睁只眼闭只眼，因为这本属于机械师的责任，而且无论这个秤准不准都不会对他的工资造成影响。

但是这位小宋并没有因此就不闻不管，听之任之，本着为公司负责的态度，他积极地纠正了这一偏差。正是由于小宋的这种责任感，为公司节省了不少的费用。

既然你选择了这份工作，你就应该承担起这份责任，因为工作就意味着责任。作为企业的一员，必须时刻牢记：企业的利益永远是第一位的，在工作中绝对来不得任何偷奸耍滑、得过且过的行为。因为，任何有损企业形象的行为都会让企业的利益受损。要杜绝不合格的产品流入市场，积极地维护客户的利益，这些实际上就是维护企业自身的利益。

一家大型餐饮机构招聘厨房行政总监，应聘的地点是公司的厨房。面试当天，一下子来了200多人，厨房里挤满了准备要面试的人。面试进行了整整一个下午，从头到尾，厨房的洗碗间有一个水龙头一直在“哗哗”地流，但是没有一个人去主动关一下。最后，公司宣布，这次前来面试的人没有一个人合格，所以，一个也没有录取。事后，这家餐饮机构的负责人说：“我们只是希望找到一个对后厨工作认真负责的人，可令人遗憾的是，这样的人太少了。”

是啊！谁不希望把工作交给那些真正能够负起责任的人来承担。虽然企业的每个岗位都有自己的职责，但再完整的规章制度，再详细的职务说明书，也不可能把员工应做的每件事都规定得事无巨细、面面俱到，可能有一些突发性事件无法被明确地划分到具体的部门或个人，而这些事情往往是比较紧急或重要的。作为一名具有高度责任感的员工，就应该从维护企业的利益出发，积极去处理这些事情。当你去考虑企业的成长，考虑企业的费用，你会感觉到企业的事情就是自己的事情。你知道什么是自己应该去做的，什么是自己不应该做的。要知道，高报酬的薪水同样也意味着更高的责任和对职业奉献精神更高的要求，想要在工作上有一番成就，就必须勇于负责，扩大自己对公司的贡献。

李师傅是一家企业班车车队的大巴司机，在驾驶员这个平凡的岗位上，他勤勤恳恳地工作了二十几年。每天清晨天不亮，他就要早早起来，开车去接上班的员工；晚上，又要把下晚班的员工安全送回家。这样，一天来来回回，要跑近十几趟车，有时，到很晚才收工。一年四季，除了重大节日外，很难有一天完整的休息时间。为了让员工有一个干净、整洁的乘车环境，李师傅不嫌辛苦，每天都将车辆清扫整理得干干净净。为了保证车辆行驶的安全，他总是对车子进行定期认真的检查和维护。另外，为了节省油料费，他把人员安全送到厂区后，就将车停放在工厂，自己则掏钱搭车回家，晚上，再搭车到厂里，按时开车送员工下班。

李师傅认为，公司的员工每天都忙于生产，很辛苦，自己能做的就是将他们准时、及时、平安地接送，尽可能将车开得平稳一些。有许多次，因原定的生产时间发生变化，当李师傅正在吃饭，就接到公司需提前用车的通知，李师傅二话不说，撂下饭碗就往公司赶。李师傅只是一位非常平凡的企业员工，但是，他却在平凡的岗位上尽职尽责，默默奉献，用自己的行动推进企业的发展。

职位越高，责任越大；工作越难，责任越重。一个企业就像一个大家庭，每个员工都有不同的工作岗位，同时也担负着不同的责任。如果你是一名员工，你就有责任去完成自己的本职工作；如果你是一名管理人员，那么你就要认真做好自己所分管的管理工作；如果你是一名领导者，你就

有责任带领员工把单位效益搞上去，提高职工的福利待遇，让企业发达兴旺。

总之，企业是大家的，员工是企业的一分子。我们每个员工都要勇于承担责任，以企业兴衰为己任，不逃避不退缩。

5. 工作第一，不要让私事占用上班时间

上班时间不做私事，这是公司对每一位员工最起码的要求。如果一个人在办公室里打私人电话，发私人传真或因私事上网，甚至织毛衣，接待私人来客等等，那么必然会给老板、上司留下一个极为不好的印象。

一家企业薪资调查公司最近展开的调查显示，有六成员工承认曾在工作时偷懒，而34%的受访者最常做的就是上网。他们提出的理由是：太闷、工作时间太长、薪金太低或工作没有挑战性。虽然员工打打电话无可厚非，或者偶尔放松一下，也值得理解，但是如果工作时将大部分时间投入到一些无关紧要的私事中，那么难免会让老板觉得你不够敬业了。另外，要知道公司是讲求效益的地方，如果你总是在工作中一心两用，必然会影响自己的工作效率。因此，如果你在工作中不能提供一个让老板满意的结果，别说得不到重用，恐怕自己的工作职位也不能得到保证。

格瑞是美国一家超级大公司的部门负责人，事业前景一片光明。但就在那个秋季的一天下午，他犯了一个无法挽回的错误——擅自离岗半小时，并由此影响了他一生的职业发展走向。

9月12号那天下午，格瑞实在经不住正如火如荼进行的欧洲杯足球赛的诱惑，处理完所有的事情后，他偷偷地离开办公室，找到一个有电视的房间，尽情地欣赏起自己喜爱的球队的精彩表演。

半小时后，他带着惬意，匆匆赶回自己的办公室，似乎一切正常。蓦然，他被桌子上的一张纸条惊呆了，上面写道："格瑞先生，既然你那么喜欢足球，我看你还是回家尽情去欣赏好了。"上面是他熟悉的签名——公司老板威廉·斯通。

原来，就在格瑞刚刚离开办公室10分钟时，平时不曾到下面各部门走动的老板，很随意地走进了他的办公室，并在他的办公桌前坐了10分钟，却一直未见他的影子。于是，老板勃然大怒，毅然辞掉了这位很有潜质的中层管理者。

中年失业的格瑞后来又辗转应聘了几家公司，但始终未能找到适合自己的位置，收入每况愈下，生活日渐潦倒。后来，竟长时间失业在家。格瑞只能借酒消愁，深深地懊悔当年的那次擅自离岗。

在职场中，上班时间不要安排处理私事时间，特殊情况须提前向领导请示。无论你的心情好与坏，千万千万要记住不能把情绪带到工作中，更别把私事带进来。

进入职场，成为一个职场中人，其最基本的含义，就是通过你的一份劳动，完成企业交给你的工作或任务，从而获得一份属于自己的报酬，就像一个食物链一样，工作，你，企业，收入，是这个职场链的四个环节。工作，是存在于这个企业唯一的决定因素，是因为工作你才进入这家企业。从另一方面来说，工作就是你的核心，就是你的饭碗，也就是说，不管你如何，不管你的企业如何，不管你的收入如何，都与你的工作有关。因此，不管在什么时候，不管老板多么器重你，不管同事怎么认可你，不管周围的人怎么夸你都是因为你工作的出色，因为工作对于个人来说永远是第一位的。而那些不能理解这一点的人，往往养成了一种自由散漫、不负责任的毛病。他们认为，享受绝对的自由才是人生的价值所在，人只要对自己负责就可以了。然而，事实恰好相反。

在工作中，许多刚刚进入职场的年轻人身上有一个共同的特点，就是在有些时候不能很好地控制住自己，难以分清楚自己的私事与工作的界线，而将一些私事和个人的爱好带到工作之中，完全按着自己的性子行

事，这样不仅仅直接影响到工作效果，还会给自我职业发展带来阻碍。工作的唯一目的就是尽力将工作做好，所以不要让自己的私事影响工作。

2007年，全民炒股时代又一次到来，不过这次杀入股市的新生力量中有不少是职场中人。于是，上班时间，电脑的主页变成了证券之星，电话聊天主题离不开“买了吗”、“买什么”之类的询问。小李在一家网络公司上班，平时总是羡慕谁谁的收入高，谁谁的赚钱门道多，就盘算着自己怎样也能赚些外快。这一阵子，股市行情节节攀升，炒股风气高涨，小李的一位朋友就趁此机会大赚了一笔，还鼓动小李也投身股市。

于是，小李整日沉浸在股票的涨涨跌跌中，上班的时候也念念不忘，有时就忍不住偷偷上网查看一下股票行情。小李心里也很清楚：在上班时间干私活是违反公司制度的。但他心存侥幸，心想：只要不被老板发现，就没什么大不了的。他自以为警惕性很高，一见老板向他这边走来，就迅速地将电脑画面切换到要交付的任务上去。老板最近几天都没有出现在公司，小李以为老板一定是出差办事了，就更加放心大胆地忙活开了。谁知当他做得正起劲的时候，忽然瞥见老板在背后冷冷地看着他，小王的心里不由升起一种毛骨悚然的感觉。老板什么话也没说，转身离开了。等小王做完了手头的工作，老板便通知他去财务部那儿领了最后的薪水，并告诉他，以后可以不用再做“地下工作者”了。

可以这么说，不加控制地将私人的事情夹杂到工作环境中是促使我们职场失败的罪魁祸首。它可以毁掉我们在职场中的形象，毁掉我们的前途。如果你通常在工作期间处理私人事务、老板会感觉你不够忠诚。因为公司是讲求效益的地方，任何投入必须紧紧围绕着产出来进行。工作时处理私人事务，无疑是在浪费公司的资源和时间。

胡莉在一家大公司任职。平时工作很紧张，但紧张之余胡莉还是不忘记打电话给朋友，然后眉飞色舞、手舞足蹈地聊上很长时间，扩展自己的交际范围。所有的朋友都知道胡莉有这个习惯，他们也会在工作时间打电话给她，和她谈一些无关紧要的事情。午饭时间是打电话的最佳时候，因此，她的午饭总是简单迅速，因为她要打越洋电话给异国他乡的亲人和朋友。在同事的印象中，胡莉总是抱着公司的电话在说笑。在心情舒畅地跟朋友说笑时，胡莉忘记了自己的周围有同事，这既耽误了自己的工作，也影响了同事的工作，而且她朋友的工作也被影响。同时，因为胡莉总不放下电话，与公司有关的业务电话也就有可能接不通。终于有一天，胡莉这样的行为使公司漏接了一项大的业务，公司开始彻查此事，胡莉受到了严惩。

胡莉就是因为没有很好地区分开工作时间和私人时间而闯出了大祸，如果你不把工作时间做私事当回事，不去认真对待，那么你也很有可能会出现胡莉那样的下场。一位老板曾经这样评价一位当着他的面打私人电话的员工："我想，他经常这样做，否则他怎么连我也不防？也许他没有意识到这有悖于职业道德。"因此，要想在竞争中脱颖而出，就必须在工作时间不要做与工作无关的事。

对老板来说，工作时间处理私人事务的习惯，很大程度上反映出员工工作的心态。有些老板通常把私人事务的多少，当作一位员工是否积极上进、安心本职工作的考核标准。因此，公私不分，工作时间处理私人事务，既影响你的工作质量，也直接影响了你在老板心目中的形象。

当然，在工作中，我们可能不可避免地要受到私事的影响，那么我们该如何做到工作和私事分开呢？下面几个方法可以借鉴：(1)尽量缩短和减少在工作中处理私事的时间。比如，有朋友因急事找你，那么你应该择要简短地将问题交代清楚，不要家长里短地讲一大堆。(2)尽量把私事安排在休息时间处理。每个人在工作期间难免会受到私事的影响，一旦遇到这种情况，那么就应该自行安排在休息时间处理。不过，需要注意的是，即便是在休息时间，也尽量不要让自己的私事影响到同事。

6. 学会服从，规章制度就是工作准则

俗话说“无规矩不成方圆”，每一个公司都会制定各种严格的规章制度来约束员工行为。对于企业而言，规章制度就像国家的法律一样承担着神圣的使命。规章制度是严肃的，不讲人情的。员工进入公司后，首要的任务就是尽快地熟悉公司的各项规章制度，并了解它们的目的。假如你是职场新人，就更应该尽快了解公司的规章制度，没有人欢迎一入职就破坏规矩的人。严格遵守规章制度是每位员工的必修课，规章制度用来规范员工们的行为，同时也保护了广大员工的利益，而员工的利益与企业的利益息息相关。

顾颖大学毕业后，在一家网络公司工作。在技术部，她的业务能力非常强，原本乱七八糟的数据库，到她手上就都顺畅了。优化后的数据库与程序使网站运行效率大大提高，由于工作业绩显著，顾颖在试用一个月后就转正了。可是她有一个缺点，就是上班拖拉，她一个月内就有五次迟到，而且有三次都是迟到了半小时以上。针对迟到情况，公司有一项规章制度，一个月迟到五次以上，或迟到时间累计超过两个小时，公司可以辞退员工。为了避免顾颖被辞退，经理特意找她谈话，让她以后要注意点。顾颖觉得很不可思议，不就是迟到吗？有什么大不了的，只要我的工作做得好就行了。由于没有认识到事情的严重性，没过多久，她又一次迟到，并且迟到了半个小时以上。接下来的半个月内，她连续迟到了五次，人力资源部经理决定辞退她，尽管技术部经理再三为她争取机会，但为了维护公司制度的权威性，最后公司还是辞退了顾颖。

工作需要遵守纪律。在军队，服从纪律永远是第一位的。企业虽不是军队，但同样需要服从纪律。服从纪律，是做好工作的第一步，是每一个员工必须具备的最基本的素质。没有服从意识的员工，不管他是多么有能力，他的上司都不会器重他，因为他不服从上司的安排，上司也就无法器重他。上司只会重用那些懂得服从又有能力的人。面对上司，下级首先应该做的就是服从。下级不服从上级，就无法开展工作，也就不能保持正常工作关系，上级和下级也就无法融洽相处，更谈不上工作默契。

工作中，没有服从就没有执行。如果把企业比喻成一架马车，那么企业中的每个员工就像拉车的马匹。要是没有笼头、没有驾车的人、没有统一的指挥，每匹马都各行其是，可想而知，这架马车根本无法正常前行。同样，一个企业如果纪律不严，员工不服从工作指令，各自为政，缺乏有效的执行，这家企业要想发展壮大，无疑也是痴人说梦。马车要前行，拉车的马匹就得听从统一的指挥，企业要生存发展，所有的员工都必须要有坚决服从的执行力。

法国大革命时期的拿破仑无疑是一位战神，法国军队在他的带领下所向披靡。然而，在进攻开罗的过程中，他的军队却遭到了挫折。原来，埃及的骑兵高大威猛，若是单打独斗，法国兵占不到丝毫的便宜—— 在那个短兵相接的冷兵器时代，块头大小在格斗中起到很大的作用。看着漫山遍野倒下的士兵，拿破仑十分焦虑。他在细致观察后发现，两个法国士兵对一个埃及士兵，可以打个平手，三个以上的士兵同时围攻胜算就大得多。

于是，拿破仑下达了一项作战纪律：对阵埃及士兵，不得单打独斗，必须群起攻之。同时，他要求将士兵划分为小分队，几个人一队。很快，法国军队取得了胜利。那些严格执行“群斗”纪律的士兵，基本上都活了下来，而不认真执行这条纪律的人，大多丧生于埃及军队的马蹄之下。在战场上，作战纪律决定生死。正因为关乎生死，纪律才得到高度重视。

纪律是对人们行为的一种约束，是确保行动有效、执行到位的有力武器。执行纪律时，绝不能因人而异，也容不得放松，否则，纪律只是个摆设。在企业团体中，遵守纪律是每个员工最基本的要求，也是每个员工应具备的最基本素质。

在企业中，一个优秀的员工，也必定是一个具有强烈纪律观念的员工。工作中，必须遵守纪律、服从命令，必须一切行动听指挥。这就意味着面对一项任务，没有任何借口，必须要严格执行，这就需要员工在完成任务的过程中严格按照公司的纪律行事，一步一步地做，不折不扣地做，而不是自行其是，另搞一套！

有一位叫普尔顿的年轻人，上司让他去一个新的地方开辟市场，那是一块十分偏僻的地方，公司生产的产品在很多人看来要取得销路是十分困难的。因此，在把这个任务分派给普尔顿之前，上司曾经三次把这个任务交给过公司里别的人，但是都被他们推脱掉了，因为这些人一致认为那个地方没有市场，接受这个任务最终结果将是一场徒劳。普尔顿在得到上司的指示后什么也没有问，只带着一些公司产品的样品出发了。三个月后，普尔顿回到了公司，他带回的消息是那里有着巨大的市场。其实在普尔顿出发之前，他也认定公司的产品在那里没有销路。但是，由于他的服从意识，他依然选择前往，并用尽全力去开拓市场，结果最终取得了成功。

服从是员工的职责，服从是行动的第一步。服从是一个职业人的基本素质，也是对公司所有员工的基本要求。

作为企业的员工，你必须知道，想要使自己在职场上立住脚，必须要视服从为天职。服从企业的安排对于员工来说，是走向成功的最佳捷径。一个不服从企业的员工，最终的结果要么是员工“跳槽”另谋他就，要么是企业将员工辞退，请他离开企业。因此，要想在事业上干出一番成就，首先就应该学会服从，不能破坏了企业的规章制度。

7.

忠于职守，干好岗位上的每一件事

忠于职守就是要坚守岗位，兢兢业业做好本职工作。忠于职守是每个人都应该具有的美德。医生要救死扶伤，教师要教书育人，军人要保卫国家，工人要优质高产，农民要种好田地，学生要学好功课。正是因为千千万万的人忠于职守，经济才能发展，国家才能兴盛！

对于企业来说，做好自己的岗位工作是每个员工的基本要求。忠于职守，是一个人职业生涯充实而又有意义的起点。无论从事什么性质的工作，首先要把自己的岗位工作做好，学会享受自己的工作环境、工作业绩的同时享受自己的生活。这样，工作才会有目标、有动力、有责任。

吴斌是杭州长运客运二公司的快客司机，跑杭州一无锡路线。2012年5月29日中午，他驾驶浙A19115大型客车从无锡返回杭州，车上有24名乘客。11时40分左右，车行驶至锡宜高速公路宜兴方向阳山路段时，一块大铁片突然从天而降，在击碎挡风玻璃后，砸向吴斌的腹部和手臂。面对突如其来的致命打击和后面惊慌的乘客，作为司机的吴斌会怎么做？监控画面记录下他当时坚强的1分16秒：被击中时的一瞬间，吴斌看上去很痛苦，本能地用右手捂了一下腹部，但他没有紧急刹车或猛打方向盘，而是强忍着疼痛把车缓缓减速，停靠在路边，打起双闪灯，拉好手刹，最后他解开安全带挣扎着站起来，回头对受惊吓的乘客说："别乱跑，注意安全"。然后打开车门，安全疏散车上的24位旅客。最后，吴斌因伤势过重瘫坐在座位上。乘客们见状，马上报警。吴斌随后被送往无锡解放军101医院救治。按医生的说法，他的肝脏就像被掏空了，另外多根肋骨断裂，肺肠也严重挫伤。6月1日凌晨，吴斌因伤势过重去世。

车上一名周姓乘客回忆说，当时他正打瞌睡，听到一声巨响后就被惊醒了。"车子没有失控，而是稳稳地停了下来。我立刻跑上前去看，司机表情很痛苦，已经说不出话来，腹部都是血……"周先生说，若不是吴斌的敬业，很可能发生车毁人亡的惨剧。

吴斌在遇袭后靠毅力完成安全停车的1分16秒的视频在网上流传开来，数百万网民表达了敬意，大家毫不吝啬地称他为"最美司机"。吴斌不是超人，他只是个努力把本职工作做好的普通司机，这就是我们说的忠于职守。

在工作中，做到忠于职守，热爱所在的岗位工作很重要，因为只有忠于职守，才能发挥出自己的聪明才智，把工作做好。企业可以通过一个员工在工作中所做的每一件小事，对一个员工做出评价。所以，不管你正处于哪个工作时期，你都应该全心全意做好岗位工作。在工作中没有捷径可走，更不用说歪门邪道。岗位工作做好了，我们才具有争取进步和提升的条件和资本，我们才会感到真正幸福！因此，工作中的每一件事都值得你去做好。

有一位在工作中十分注重细节的工程师，某次被派往一家与他所在公司有合作关系的企业考察一个项目。为了能够将项目的全景拍摄下来，他不惜徒步走两公里山路爬到一座大山的山顶上去，将项目周围的风景全都清楚地拍摄了下来。而实际上，他只要站在公司会议室的楼上就可以拍到这个项目的情况。

那家合作公司的领导问他为什么要这样做，他说："我回去后要向董事会汇报整个项目的详细情况，而周围的风景也是项目的一个重要参考因素，所以要带回去给领导和设计师们看。对于我来说，只有把整个项目的情况汇报给他们才算完成任务，不然就是工作没有做到位。"

这位工程师的座右铭是："我要做的事情，不会让任何人操心。任何事情只有做到100分才是合格，99分都是不合格，60分就是次品、半次品。"

这位工程师对待工作细节的态度，就体现出了他对工作的高度责任感。工作无小事。其实很多工作中的事情都是小事,很多人不在意、不重视,甚至敷衍了事,能不做就不做。殊不知,这种心态是在糊弄别人,更是在糊弄自己。只有那些善于做好每件小事、善于做好眼前的事情的人,才有希望获得成功的机会。

著名CEO杰克·韦尔奇也说:"一件简单的小事情所反映出来的是一个人的责任心。工作中的一些细节,唯有那些心中装着大责任的人才能够发现,能够做好。"因此,工作中对每一件小事都不要掉以轻心,因为事无巨细,能够影响大局的,往往是一些微不足道的小细节。而且,在工作中,每件看似不起眼的事情都是学习的机会,都是向别人证明自己的机会,你做好了,就能得到认可。一位部门经理对刚入职的新员工说:"年轻人,我原来也跟你一样做过端茶倒水、扫地的事情,也跟你一样没把这些事放在心里,也出现过你这样的小问题。当时的部门经理,也就是现在的总经理,他严厉地批评了我,并语重心长地对我说要想干大事,必须先把每一件小事做好。"

某知名公司由于策划经营的不利,造成了生产项目的滞后和浪费,不得不宣布大规模裁员,并要裁掉一个项目部门,而梁穗穗恰巧就是这个部门中的一名普通员工。裁员的消息很早就传了出来,不久,几乎所有的在职员工都开始了本职工作的任务交接。这一时期,人心惶惶,所有的人都没有心思再继续工作了。员工们或者利用手中的一点便利,能捞便捞;或者托朋友找关系,忙着转换工作;或者干脆借着以前的业务关系,联系其他厂家,准备跳槽。在这些或明或暗的波动之下,梁穗穗还是继续默默工作。她每天正常上下班,认真工作,好像一切都如以前一样,什么也没有发生。有时候好朋友劝她别那么死板,转转脑筋,挪挪地方,免得在一棵树上吊死,可她总是摇摇头笑着说:"事情还没到最后呢,既然拿着工资,就该尽职守分,做好自己该做的事。"

梁穗穗的言行被一位人事经理看在眼里、记在心里,他深深被梁穗穗这种忠诚敬业的精神所打动,并悄悄地把她从黑名单中拿了下来。后来,该项目部解散了,其他人四散而去,梁穗穗

则被调到了另一个项目部中继续工作，并很快因为勤恳踏实的工作态度被晋升为项目主管。

在公司里工作，恪守本分，表里如一，能静下心来干事情是获取老板肯定的重要前提。一个“身在曹营心在汉”、吃着李家饭盯着张家门、动不动就表示不满、以跳槽相威胁的员工，怎么能安心工作并获得老板赏识呢？

人生就是由许许多多微不足道的小事构成的，每个人所做的工作，也都是由一件件小事构成的，所以，我们但不能因此而对工作中的小事敷衍应付或轻视懈怠。

第五章

不要攀比薪水，机会比薪水更重要

年轻人容易和别人去比，总想着找一份更高薪的工作让人刮目相看。事实上，最初薪水高的人在未来的发展未必比起点低的人好。更重要的是，不同行业，不同职能岗位，没有什么可比性，盲目地比较，只会让自己心态失衡。为了“待遇”或“环境”而过频地“跳槽”，对于员工来说，是不足取的。对于年轻人来说，个人的发展机会是其中最重要的，因为它意味着你未来的薪酬。没有几个成功者一开始就站在事业之巅，他们也曾拿过极低的薪水。职业发展就像跑马拉松，短时间的比较没有意义。

1. 市场会给出每个人的准确定价

职场是靠实力说话的地方，薪水高低，不是老板决定的，而是员工自己决定的。市场会给出每个人的准确定价。在职场中，做出业绩才是硬道理。出众的工作业绩更能证明你的能力，体现你的价值。事实表明，既能跟老板同舟共济，又业绩斐然的员工，是最能得老板欢心的员工。

如果你仅仅忠诚，总无业绩可言，一辈子也不会有什么起色，老板也不可能重用你，因为把重要而难办的事交给你，他不放心。更进一步讲，受利润的驱使，再有耐心的老板，也绝难容忍一个长期无业绩的员工。届时，即使你忠贞不贰，老板也会变心，甘愿舍弃有忠诚无业绩的你，留下业绩突出的员工。

老张是某广告公司的部门主管。由于金融危机的影响，他所在的公司被迫裁员，老板要求老张在主管的部门里裁掉两个人。老张的部门里一共有 8 个人，该裁谁呢？这让老张有点犯难。除了他以外，剩下的 7 个人中有 4 个老员工，他们曾经为公司立下很大的功劳，裁掉他们显然不好。那剩下 3 个来公司时间不长的人，该留下哪一个呢？

老张这时仔细地分析了剩下的 3 个人，其中有两个虽然资历不是很深，但是很会做人做事，平时工作做得不错，和同事们的关系也处得很好。而另一个性格有些沉闷，不喜欢说话，总让人觉得他有些处于团队之外的意思。

“那还犯什么愁，把那个人辞退了不就行了吗？”他所在公司

的另一位主管对他说。可是老张摇摇头,说:“不,最后我把那两个活泼的员工辞退了。”

“这是为什么啊?”那个主管不解地问。“人无完人,谁都会有缺点,缺点也是可以改正的,但一个人的能力,尤其是核心能力却无法替代。那名性格沉闷、不喜欢说话的员工虽然性格上有些缺陷,但是论工作能力,他远在其他6个员工之上,他每个月为公司创造的业绩也远在其他6个人之上。”

能带来业绩的员工是公司最宝贵的财产。一个员工的核心竞争力可以抵消你的某些缺点,为你赢得立足之地和发展空间。比尔,盖茨曾说:“能为公司创造业绩的人,才是公司最需要的人。”作为一名企业员工,就意味着在你每天都要用业绩证明自己的工资,同时也要用业绩来证明自己的价值。我们要认清这样一个现实:公司不是慈善机构,老板与职员也不是父母与孩子的关系。在企业付给你报酬的同时,你应该给企业几倍甚至几十倍、几百倍的回报,最起码,你为企业创造的价值要超过企业支付给你的报酬。每一个老板都希望自己的员工能创造出优异的业绩,而绝不希望看到员工工作卖力却成效甚微。

李宁所在的公司刚刚接了一个过百万的项目,谁要是能够负责这个项目,不仅可以获得丰厚的佣金,更可以在公司、客户以及整个行业中树立自己的个人形象,李宁当然要极力争取。但是最后确定的负责人却不是他,李宁觉得委屈,于是去找经理问明原因。

经理说:“你没有主持过这么大的项目,公司对你的实力还没有很深入的了解,怎么可能把它交给你呢?”

李宁更委屈了,认为经理不信任他、公司不信任他。可是经理前几天还对李宁的工作很满意,说相信他一定会有更大的发展,怎么在这关键时刻却不信任他了?

是李宁能力不足,还是老总偏心?我们不得而知。但是,通常情况下,站在管理者的角度,他们用人的标准一般是以个人的实力来衡量,他们会像猎豹一样盯住绩效。因此,职业人士只能拿业绩和实力来证明自己,因为职场从来不相信眼泪。

小文和小李大学毕业后，一起到一家非常有名的环保公司应聘，可最终却因资历浅而落聘。后来，他们只好进了一家毫不起眼的小环保公司。当他们上班以后，却惊喜地发现，这家公司虽然很小，但工作环境很好。公司的同事个个热情淳朴，只要工作中遇到什么事，他们都会尽心尽力地帮忙。老板待人也很和气，对下属的环境工程设计从不多加指责，倘若有不同的意见和建议，他总是非常委婉地提出来，然后一同商量解决。在这样一个轻松自由的环境中工作，小文和小李如鱼得水，游刃有余，才短短一年半的时间，他们的才华便渐渐显露出来，不少工程设计作品都得到了业内专业人士的肯定。

自从两人在环保行业小有名气之后，便有一些大公司争着挖走他们，当初淘汰他们的那家公司也在其中，而且这家公司开出的条件最为优厚。后来小李有点心动了，毕竟人往高处走，人家给的薪水是自己现在的几倍，而且对方是有名的大公司，他想在那里自己的才华也许能得到更好的施展，也许在工作上能够取得更好的成绩。于是他便跳槽到了那家大公司。而小文却不为所动，仍然留在了那家小公司，因为他始终觉得只有这里最适合自己。小李到了那家大公司后，很长一段时间都感到很不适应。为什么呢？因为这里的同事都是经过严格挑选的精英，他们个个既有资历又有经验，所以个个都是心高气傲的，极难相处。而且，小李的上司是一个既严肃又非常挑剔的人。每当小李的工作有失误时，他总是当众指责，完全不顾及小李的面子。如果小李提出不同的见解，他便会不耐烦地说："是我说了算还是你说了算？"为此，小李感到非常尴尬郁闷。处在这样一个工作环境中，小李很大一部分精力都用在琢磨与上司以及同事的人际关系上，相对而言投入到工作中的精力就少了许多，所以他在工作中并没有太大的起色。而这时仍一心一意在那家小公司的小文，却出人意料地取得了骄人的成绩，他有几个环境工程设计还拿了全国大奖。

在职场中，工作是人人都要做的，薪水也是人人都要拿的。商品有

价，人在职场也有价。你应该拿多少薪水，就是你职场价值大小的表现。职场价值，即你的能力大小，并不是某个单一因素就能决定的，它包括了你的学历、经验、特长、人脉、所处地域、所在行业等因素。工作与薪水的关系，不是加减乘除就可以算得清的，今天你工作多少，老板该付你多少薪水，明天你工作多少，然后老板又该付你多少薪水，这两者之间的换算，至少目前没有一个权威标准的可行性公式，所以那种老板一月付我 1000 元工资，我每天就干 1000 元工作的心态，是非常错误的。

在工作中，很多人跳槽的直接问题是薪酬，但是薪酬在个人发展的问题前也显得小巫见大巫，人之所以会跳槽，最根本的原因还是自身发展的问题。如果一家单位能给你发展的空间，那么薪酬也就不是问题。如果你现在的单位在接下来的时间里能给你发展的机会，那么你大可不必跳槽，而应该好好工作。企业评价一个员工，主要是看员工能否给企业创造价值，创造多少价值。工资的增长跟员工的业绩是紧密相连的。所以说，市场会给出每个人的准确定位。

2. 有比较就会有差距，盲目攀比容易带来痛苦

在生活和工作中，人人都有自尊心，希望自己可以比别人好。英国心理学家调查人的快乐程度与收入关系后发现，虽然收入在某种程度上起重要作用，但人们更看重与别人比较的结果。这就是说，财富在某种程度上决定人是否快乐，但对人的心情影响的更大因素，却是财富是否比周围人多。

这种攀比心理，可说是一种普遍的人性。在人们的日常生活中，随处可见。有些人已经有了房子，可以安居乐业了，但看到别人的房子更大，就千方百计想买大房子。随后,看到别人住了别墅,又节衣缩食地想买别墅。看到别人买了车,自己也要买车。有了车,看到别人开的是宝马、奔驰,自己也不甘落后,也要换个名牌车。如此这山望着那山高,不停地盲目地与比自己拥有更多的人攀比,在心理上就会陷入“比上不足”的忧愁之中。结果,尽管有房有车,却少有拥有的快乐。

一个19岁的男孩,来自西部贫穷地区,仅仅是个高中毕业生。刚到北京的时候,由于学历太低,连一个保安的工作都找不到,每天住在潮湿、阴暗的地下室里,就在他哀叹苍天不公,准备返回家乡的小山村时,他的命运出现了转机。他在地铁口卖报纸时,从一个顾客的口音中认出了一个老乡,立即攀附上。老乡在北京一家外企工作,对他乡偶遇故知非常高兴,对这个男孩的遭遇也非常同情,便来往起来,为他找了免费住处,还留心为男孩找工作。

不久,男孩老乡一个哥们的文化经纪公司招聘模特经纪人,按照男孩的条件,他连初试的资格都没有,但看在哥们的面子上,这个文化经纪公司决定给他一个机会,于是一个朝不保夕的“报童”摇身一变成了“模特儿经纪人”,每天和这些以前连见都没有见过的美女在一起工作。小男孩在这些高学历、阅历丰富的文化人面前自惭形秽,但他的收入由每月不足500元猛增到4000元,这可是他在老家一两年也挣不到的,而他只有19岁!

可这时他居然心理不平衡起来,因为其他员工可以拿到他的两三倍,所以他常常在老乡面前抱怨公司待他不公。老乡要他学会知足常乐,即使要挣更多的钱,也要脚踏实地,先充电,提高业务能力。可是小男孩认定了是别人整他,从来不钻研业务,而总是要老乡出面给老板打招呼,安排给他更加重要的职位。有好多次,老乡正在参加公司的重要会议也常常被他的电话“骚扰”,老乡终于忍无可忍地拒绝了。过后,小男孩对老乡也产生了怨恨,觉得他不够意思,他觉得老乡就应该无条件地帮忙。

显然,这个小男孩就是因为攀比带来了一系列的问题。攀比心理,如果着眼于工作上精神上的向上,“见贤思齐”,那是一种正向攀比,有助于

个人和社会的发展提高，是值得肯定的。但是，倘若以个人虚荣为基础，一味在物质上和生活上追求“别人有的我也要有”，以显示自己不落别人之后，甚至要求自己强过别人，从而获得心理满足，就是一种负向攀比。生活领域出现的攀比，负向多于正向。因此，攀比在心理学上被定为中性偏阴性的心理特征。也就是说，攀比心理较多产生的是负面情绪。

在工作中，恰当的攀比是不断向前的动力，但盲目的攀比往往容易出现心态失衡。比如有的人总认为白领高于蓝领，科研业高于服务业，当老板比替人打工强，下一份工作肯定比现在的好……很多员工因此心态消极，心情陷入低谷而产生沮丧情绪。要记住：盲目攀比容易带来痛苦，而且首先就伤害的人是自己。

沈林是一名普通的公司职员，每天过着安分守己的平静生活。一天，他接到一个高中同学的聚会电话。自从高中毕业后，他们也是很多年没有见过了，他满怀喜悦地前往赴宴。在宴会上，有的同学经商有道，开着名车，住着豪宅，一副功成名就的派头；有的仕途宽阔，前途似锦。这使沈林倍感失落。回到单位后，他像变了一个人，整天唉声叹气，逢人便说自己心中的烦恼。“这小子现在为什么这么牛，以前考试总是不及格，为什么他能住进豪宅，开着名车？”“我们坐办公室的真是命苦，按我们现在的收入，就是一辈子也买不起一辆名车啊！”

他的同事开导他：“我们整天坐在办公室，就是有钱也不用买车啊，再说我们每个月挣的钱也不少，是完全够花的呀！”然而，沈林还是整日郁郁寡欢，后来竟得了重病，卧床不起了。

你看，这完全是盲目攀比的心理在作怪，攀比总是伴随着抱怨，使我们的心理无法趋于常态。攀比有时就像一把利剑，刺向自己心灵的深处，而且攀比对人、对己都十分不利，最终伤害的只有自己的幸福和快乐。

每个人的人生轨迹都是不同的，上班谋职也一样。在条件差不多的情况下，有些人善于推销自己，把握机会的能力强些，最终的职业取向、职位、薪酬、福利等回报都要好些，而另一些人本身实力就差，只能适合做普通员工，却一厢情愿地同别人比岗位、比薪酬，这就不切合实际了。

小琳是新闻系毕业的高材生，大学毕业之后进入一家广告公司，工作了三年之后，由于业务纯熟，在业界也积累了一定的人脉关系。加之领导对她的器重，于是提拔她担任市场部的副经理。在副经理的位置上她一干就是两年，业绩突出，和同事的关系也处理得很好，赢得了同事们的一致好评。但是两年来有一件事令她感到有些不满意，由于公司规模不大，公司为了刻意控制成本，自从她担任市场部副经理以来，她的薪水就从来没有涨过。可是她的同学有些职位比她低的，薪水都比她高，这让她内心很不平。

尽管自己在公司里有地位，但是薪水一直不涨的烦恼也总是萦绕在小琳的心头，要是再待下去，工资水平在短时间内也不会有变化。经过一番思想斗争，小琳决定跳槽。她很快找到了新的工作单位，在一家中资银行信用卡推广中心得到了经理职位。工资水平当然也如她所愿，只要能够完成任务，与原来相比要翻三番。

由于与原公司的合同还没有到期，公司规定，如果单方面要提前终至合同，需要支付对方 10000 元的违约金。小琳想到新工作能挣到原来 3 倍的工资，为了尽早获得自由身，于是咬牙自掏腰包做了了断。由于小琳这次是跳槽，在新公司面对的一切都是新的，因此她要花费巨大的精力来适应，而在银行卡发行方面，她毫无经验可谈，所以只好加班加点地干，希望通过自己的勤奋来弥补经验上的不足。除此之外，由于新公司距离自己的住址更远，她花费在上下班方面的时间、金钱也多出不少；为了尽快与新同事建立良好的关系，她还“破费”请过几次客。但是 3 个月的时间过去之后，工作上没有起色，收入根本就没有达到原来预想的水平。事后，小琳估算了一下，她为跳槽直接付出了将近 20000 元的代价，其中包括违约金、放弃年终奖，等等。而且，在半年时间内，由于新工作业绩不佳，她的收入锐减，这也是间接损失。

盲目的攀比给小琳带来了深刻的教训。职场竞争不相信眼泪，也不需要没有任何实际意义的相互攀比。在职场生活中，尽管水往低处流，人

往高处走，谁都希望干的活轻松点儿，挣的钱多一点儿，生活得好一点儿，这无可非议。但是，这些都是要根据自己的能力水平，根据自己的环境条件，来确定奋斗目标。如果盲目攀比，差一点的工作不干，好的工作又不会干，或者不珍惜已有的岗位，好高骛远，如此就很难得到发展。

一句话，盲目攀比只会搅乱自己的心理平衡。多用积极乐观的眼光看待自己，工作才会多一份快乐与满足。因此，我们要珍惜自己现在的岗位，用智慧和辛勤的劳动证明自己的才干。这样，离你的期望才会越来越近。

3. 工作理念决定回报的高低

好今，很多刚踏入职场的年轻人，他们对自己充满了很高的期望，他们觉得自己富有学识，应该立刻得到一个薪水丰厚、职位显赫的工作。还有一些员工，把社会看得十分冷酷和严峻，他们给工作下了这样一条简单的定义：我为公司工作，公司付给我同样价值的报酬，等价交换。他们绝对不会去为公司多做一点点。在他们的眼中，薪水成了一种衡量成败的标准。这些工作理念都是非常错误的。

你要明白，不管什么时候，都不要只为薪水而工作，因为这样，也许会让你失去获得更高薪水或职位的机会。

著名企业家土光敏夫在担任东芝株式会社社长时对于员工的要求很高，他认为：为了事业的人请来，为了工资的人请走。因为事业的价值聚集在一起的人才能真正把事业做大，即使当企业面临困境时，这些人也会和企业风雨同舟、荣辱与共。而那些因为工资才来的人，只是看重企业的福利和待遇，并不是企业本身对他有吸引力，如果有一天公司出现困难，他们肯定会拍拍屁股走人，因为他们想要的东西公司已经不能再给予他们了。他们自然回到一个能够给他们带来物质满足的企业，但绝不是现在的企业。

薪水只是工作的一种报偿方式，虽然是最直接的一种，但绝不是唯一的一种。一个人如果只为薪水而工作，没有更高远一些的自我提升和发展的意识，工作起来也就没有了主动参与的积极性。一个以薪水为个人奋斗目标的人，是无法走出平庸的生活模式的，也从来不会有真正的成就感。

工作的目的虽然是为了获得报酬，但工作能给你带来的远远比信封中的工资要多得多。心理学的研究结果表明，金钱到一定程度的时候对人来说就不再具有诱惑力了。也许你现在还远远没有达到那种境界，但是如果你是一个聪明人的话，你会发现，工资只不过是你所获报酬中的一种。有专家对很多事业成功、拥有高薪的人做过调查，如果在没有收益回报的情况下，他们是否愿意努力去做自己的工作。他们几乎无一例外地说："我绝对会一样全力以赴地去工作，因为我热爱我的工作。"

有一次，英国女王参观著名的格林尼治天文台。当她得知任天文台台长的天文学家詹姆·布拉德莱的薪金级别很低时，表示要提高他的薪金。

布拉德莱得悉此事后，恳求女王千万别这样做，他说："如果这个职位一旦可以带来大量收入，那么，以后到天文台来工作的人，将不会是天文学家了。"

人生的追求不仅仅只是满足生存需要，还有更高层次的需求，有更高层次的动力驱使。不要麻痹自己，告诉自己工作就是为赚钱——人应该有比追求薪水更高的目标。无论薪水高低，工作中尽心尽力、积极进取，能使自己得到内心的平安，这往往是事业成功者与失败者之间的不同之处。仅仅追求薪水的人，无论从事什么领域的工作都不可能获得真正的成功。将工作仅仅当做赚钱谋生的工具，这样的人其实是很悲哀的。

美国的布拉尼克博士曾经做了个经典的实验，他坚持对1500名一般男女做了持续20年的研究，从他们20多岁开始追

踪到40多岁为止。结果这1500人当中，有83位受试者成了百万富翁。

研究发现，每个变成富翁的人，都早早地就下定决心要专注某件令他们痴迷的事。结果，就这样努力工作15或20年后，他们发现不知不觉中自己的净资产值超过了100万美元。在这类人当中，有70%、80%都不是企业家，也没有伟大的技艺天才，他们完全是靠在工作中的卓越表现和专长成为富翁。

每个人在工作中都有自己的目标，当你的目标只是薪水，很可能反而会处于贫困当中；把工作当成是人生价值的体现一样重要，你就会乐在其中，终有一天会富裕起来。

现代人每天为生活疲于奔命，目的都在于赚钱，有些人甚至以此为人生目标，拜倒在金钱脚下，为金钱所奴役。他们快乐吗？当你看到他们疲倦的身体和愁眉苦脸的表情，就能得到答案。要知道，我们工作固然是为了生计，但应该还有比工资更为重要、更为丰富的内容。

一个职业人，不论你选择了什么工作，都不要忘记培养自己成为金钱的主人而不是奴隶。生命如此美好，生活如此丰富，做金钱的主人，轻松驾驭它，这一切美好才会属于你。

4. 随便乱跳槽，工资涨不了

职场中，每年的三四月份和八九十等月份都会有“波动期”，年轻职场人会大批大批地纷纷跳槽，很多人认为，跳槽是让薪水获得快速增长的有效途径。这个没错，根据调查显示，通过跳槽来谋求加薪晋升的概率的确比较高，但是广大的职场人要明白，薪水是由能力决定的，跳槽加薪的前提条件是自己的能力需要与企业给出的“高新”相吻合才行。以为下一份工作会更好而随随便便地跳槽，工资是涨不了的。

有的人心态非常浮躁，这山望着那山高，工作不如意时跳槽，人际关系不行也跳槽，薪水没有达到自己的期望值更是跳槽，甚至没有任何原因也想跳。在他们眼里，总觉得下一个工作肯定比现在的好，一切问题都能以跳槽的方式来解决。“他们 3 天没有达到自己预想的目标，便怀疑自己是不是选错了单位；6 个月没有得到提升，便怀疑自己受了亏待；一年没有加薪，便怀疑自己是不是已经没有前途。”这似乎是对“跳槽一族”的形象描述。

张敬商学院毕业后到一家饭店做财务工作，并在当年被评为企业优秀员工。两年后觉得在小地方工作没有什么意思就来到了北京，成为一家外资企业的市场专员。房地产项目的调查分析，完成公司下达的销售目标，进行市场推广活动，等等。

刚开始的确学到了很多东西，但是三年下来自己还是个专员，这让他很不平衡，转身投靠一家瓷器公司从头再起。又三年过去了，做到市场部主管就没动静了。他想跳槽，但是如果再从头做起，那这几年不是白工作了？如果不跳，看自己以后的发展也不会好到哪里去，这让张敬举棋不定。

其实，随便乱跳槽，工资是涨不了的。要想在职场中生存得更好，就必须先优化自身，让自己有优秀的工作能力才能不断升职加薪，否则在快速实现薪酬增长的同时，也将快速遭遇薪酬增长的瓶颈。

随着社会的发展，就业机会的增多，随意跳槽的现象屡见不鲜，换工作如换鞋。但随意跳槽，只会一事无成。在此，我们要提醒大家，尤其是一般基层员工，尽量不要轻易“跳槽”。纵观有些基层员工尽管已有了一份较稳定的工作和收入，但他们不满足于现状，他们会常常打听别的企业有没有更轻松、工资更高、条件更好的工作，这就是典型的“吃着碗里的，看着锅里”的心态。

最近，正是一年中的产销旺季，眼看公司今年的生产、销售业绩都比去年有了长足的发展，李老板自是喜不自禁。可没想到的是，元器件事业部的一个姓王的小伙子却跑来向他提出了

辞职申请。这个小王已经在公司里工作了将近四年,也是公司的老员工了,工作一向还算称职。李老板不免有些疑惑,询问他辞职的原因。小王支支吾吾地也没有说出个所以然来。李老板以为他一定是另有方向,攀上了别的高枝,便也没做过多的挽留。

一年后的一天晚上,李老板独自在酒吧喝酒,无意间遇到了小王。见到李老板,小王讪讪地主动走过来打招呼。李老板倒也大方,请他一块坐下。彼此客套一阵后,李老板问起小王的近况,小王说:“和原先在您的公司里没什么差别。”

原来,小王大学毕业后就进入了李老板的公司,在元器件事业部从事技术工作。虽然小王努力试图展开自己的才华,但由于种种原因,却一直没有得到足够的重视。虽然公司在待遇上比一般公司高,但苦于没有自身发展的机遇,小王最终还是决定“跳槽”。然后他进入一家同类企业,从事着同样的工作,原本以为通过环境的改变、自身的努力,可以获得更大的施展抱负和才华的空间,却不想一切依旧如故,只不过换了地方而已。

讲完自己的遭遇,小王叹了口气说:“李老板,说句您不爱听的,是不是所有的老板都像您这样,很难发现员工的潜能和长处,总是喜欢按照自己的固定思维模式来安排员工的工作,让下属们找不到施展才华的机会?”

李老板没想到自己竟然给小王留下了如此的印象,不过,李老板并没有急于表态,只是询问了一些他对于以往和当下境遇不满的原因。小王大胆地讲了许多自己的见解,有纯技术上的,也有关于企业管理上的,虽然不算精辟独到,却也不无道理。李老板还真后悔当初把他放走了,小王的很多见解和设想对于公司的生产和经营确实是有益的。

第二天一大早,李老板便召集了公司相关部门的经理们讨论了小王的见解和建议,大家一致认为公司的确是错过了一个不错的人才。当天中午,李老板给小王打了电话,约他来公司谈谈。小王很快来了,李老板直截了当地希望他能够“好马也吃回头草”，重新回来工作，当然也相应地给他提供了适合的职位和待遇。小王很高兴地同意了。

李老板很认真地问小王：“为什么当初不把自己的这些设想和建议提出来？”

小王不好意思地说，其实他当初也很想把自己的想法表露出来，只是因为生性羞涩，不善于与人交流和沟通，而且还固执地认为上司和老板应该主动发现员工里的人才。正是怀着这种想法，所以虽然后来换了工作和老板，也依然怀才不遇。

最后，小王说：“如果不是那天喝了点儿酒，而且我们之间不再是老板和雇员的关系了，我还不敢那么直截了当地袒露自己的想法呢！”

职场中，很多人感慨自己怀才不遇，总是通过跳槽去寻找伯乐。然而，当老板换了一个又一个，却仍没有人赏识自己的才能时，你就要从自身寻找问题了——也许你还没学会如何推销自己。如果你认准自己是一匹千里马，而老板还没有发现你的才华，先不要急着抱怨，而应该学会表现自己。只有让老板看到你的才华，你才有被重用的可能。

任何工作没有绝对的好，也没有绝对的坏，每一种平台都有不同的发展机会。很多人在找工作时，只要有钱赚就去干，至于将来怎么样再说，走一步看一步。这种只顾一时之得的人，将来不可能有什么大的作为，挣的也只是小钱、辛苦钱，饿不死也撑不着。对于这些道理很多人似乎都懂，不过，当工作摆在眼前的时 候，还是习惯去做那些来钱快的工作。有些工作的确充满诱惑力，不菲的薪酬、良好的待遇让人无法抗拒。即使是这样，我们也不能被眼前的利益冲昏头脑，更应该看透工作的实质，看它是否具有发展潜力，如果仅能满足衣食所需，就要坚决地放弃，否则我们的一生都将受此影响。

当然，我们要明白职场中随意跳槽的员工，一般想法也较单纯，眼光也不会放得太长，他们往往不会考虑综合因素，最能够激发他们跳槽欲望的就是工资多少。即使是从这家企业跳到那家企业，表面上看月工资多了一点点，但当你一旦回过头来与当时与你同时进企业，如今一直未跳槽的同事相比，或你的工资和待遇已被拉下一截，何况频频跳槽的话，你又

白白浪费了找工作的时间，最终还能捞几个钱呢？

对于员工来说，要想工资待遇不断往上涨，最牢靠的方法就是在基层岗位好好地干。只要你在岗位上已干了多年，且技术表现不错，那企业老板肯定会器重老员工的，被提升的机会自然要大得多。所以，员工一定要知道，不乱跳槽，能长期安心干工作岗位就是将来获得升迁加薪的基石。

5. 自我成长比薪水更重要

金钱与工作的关系，到底是怎样的？松下幸之助关于金钱的看法，或许对我们具有启发意义。他认为：金钱只是人生的“润滑剂”，是为了更好地满足人的物质与精神需要，使人创造出更大的价值。也就是说，金钱是为了帮助人们创造更大价值而存在的。金钱不是工作的最终目的，而是为了更好地工作。一味向“钱”看齐，就会变得唯利是图。

但我们也必须承认，工作是需要获得金钱回报的。因为人要生存和发展，需要从社会获得必要的物质和精神上的满足，金钱是实现这一切的基础。可是，金钱不是工作的全部。心理学的研究结果表明，金钱到一定程度的时候对人来说就不再具有诱惑力了。

有这样一则寓言：一棵苹果树，经过漫长的抽枝分叶，结果了。第一年，它结了 10 个苹果，9 个被拿走，自己只得到一个。苹果树愤愤不平，干脆自断经脉拒绝成长。第二年，它只结了 5 个苹果，4 个被拿走，自己依然得到一个。

“哈哈，去年我得到 10%。今年得到 20%！翻了一番。”这棵苹果树心理平衡了。

另一棵苹果树恰恰相反。它在第二年更加努力地吸收阳光雨露。努力生长，结出100个果子，被拿走99个，自己只得到一个，却乐在其中；第三年，它依然蓬勃成长，保持勃勃生机；第五年，它结出500个果子，成为苹果树辉煌的一景。

这个故事启示我们：得到多少果子并不是最重要的，重要的是自己永远在成长！很多刚踏入社会的年轻人，他们对自己充满了很高的期望，他们觉得自己富有学识，应该立刻得到一个薪水丰厚职位显赫的工作。在他们的眼中，薪水成了一种衡量成败的标准。这其实是错误的观念，工作中，自我成长比薪水更重要。

对于员工来说，一个人充满趣味和挑战的成长，永远比每月得薪水更重要。员工进入一家企业，最浅层的目的是为了获得薪水，从而能够让自己和家人过上美好的生活。根本的目的是为了获得自我的成长和发展，实现人生的价值。薪水只是工作的目的之一，如果仅仅是为了薪水而工作，那就无异于一叶障目了。工作除了满足个人的生活资源需求，更是一种自我发展和提升的社会活动。只为薪水奋斗，工作就会变得平庸，视野因而被封闭住。在薪水范围之外，努力工作，发现自己可能具有的战略眼光、组织眼光、经济眼光和商业眼光等，并相对确定为之努力的目的和目标，这样才有希望最终成为一个事业和生活的成功者。

2009年1月10日。全球各大媒体几乎在同一时间报道了一条消息：澳大利亚昆士兰旅游局在全球范围内征招一名大堡礁看护员。工作时间半年，工作职责包括喂鱼（不用全部负责大堡礁超过1500种的鱼类）、保持水池清洁（有自动过滤装置）、兼职信差（可借机从空中俯瞰整个大堡礁），最重要的工作是探索大堡礁附近岛屿，并将自己亲身经历以文字及视频方式记录下来。通过博客、媒体采访、网上相册等方式向外界报告自己的探查之旅。作为回报，大堡礁看护员不仅可以获得152000澳元的酬劳，还可以免费居住在大堡礁群岛——汉密尔顿岛上的奢华海景房中，享受私人游泳池、日光浴室、大观景阳台、户外烧烤设施，亲自体验扬帆出海、划独木舟、潜水、海岛徒步探险等活动。一边玩一边挣大钱，听上去很美，难怪应聘网站在开通后的第三天因登录者太多而瘫痪，昆士兰旅游局索性将此职位称作“世界

上最好的工作”！

大堡礁早在1981年被联合国教科文组织列为世界自然遗产，风光绚丽，犹如天堂，每年都会吸引200万名游客前往参观。大堡礁附近的600多个大小岛屿，只有八个岛屿被私人买下后开发成度假胜地，其中唯一有机场的汉密尔顿岛有1000余名工作人员。照理说，在这个风景如画，游人流连忘返的地方工作，是一件幸福的事，可岛上的服务员说，这里的工作人员流动很大，很多人干几个月就走了，他说：“这里风景虽好，但距离大陆太远，生活很单调。再说，再好的风景，看多了。也就那么回事。”比如索菲娅的父亲在汉密尔顿岛开了间小店，她从小在岛上长大。可索菲娅最近却要离开天堂般的海岛，去戏剧学院学习表演。因为索菲娅认为有意义的人生比挣钱更重要。

随着现代社会的不断发展，人们的择业观念正在发生变化，个人的发展和前途已成为许多择业者关注的焦点。选择工作时，薪水不再是首要考虑因素，其位置已下降到第二、第三位，取而代之的是个人发展和企业前景。

因此，工作中不要做一个只为薪水工作的职员。工作虽是为了生计，但是，通过工作使自己的潜能得到充分的发挥更加重要。假如工作仅仅为了糊口，你的生命的价值将因此而大打折扣。你的追求不要只局限于满足生计，而要有更高的追求。千万别这样对自己说，工作就是为了挣钱。你要看到比薪水更高的目标。如果你只为薪水而工作，你的生活将因此而陷入平庸之中，你找不到人生中真正的成就感。

有三个犯人要被关进监狱三年，在失去自由前，监狱长表示要答应他们三个人一人一个要求。第一个是美国人，他的最爱是雪茄，他要求要三大箱的雪茄。

第二个是潇洒风流的法国人，他要求有一个美丽的女子陪伴他度过这三年寂寞的生活。

第三个是精明的犹太人，他要求有一个能与外界联系的电话。

他们的要求都被答应了。三年过后，美国人冲了出来，手上抓着一大堆雪茄，大叫：“给我火！给我火！”原来他忘了要打火机，这三年的日子他就是在嗅雪茄的味道中过去的。接下来，法国人也出来了，他抱着一个孩子，那名女子也牵着一个孩子出来，这是他们这三年来的爱情结晶。

最后出来的是犹太人，他满面春风，一见到监狱长就感激地紧紧握住他的手说："感谢你三年前送我的那个电话，这三年来我日日与外界联络，我的生意不仅没有停顿，反而增长了200%，为了表示感谢，我送你一辆劳斯莱斯！"

从这个故事可以看出，三个同样都是要进监狱的人，但三个不同的选择决定了他们三个在狱中的日子如何度过，还影响了他们的未来。从这个意义上讲，选择薪水还是选择成长不言自明。因此，薪水作为工作的一种报偿方式，虽然是最直接的一种，但也是最短视的。美国通用电气前首席执行官杰克·韦尔奇说过这样一段话："我的员工中最可悲也最可怜的一种人，就是那些只想获得薪水，而对其他一无所知的人。"工作所给你的，要比你为它付出的更多。如果你将工作视为一种积极的学习经验，那么，每一项工作都包含着许多个人成长的机会。面对微薄的薪水，你应当懂得，雇主支付给你的工作报酬固然是金钱，但你在工作中给予自己的报酬，乃是珍贵的经验、良好的训练、才能的表现和品格的建立。这些东西与金钱相比，其价值要高出千万倍。

6. 站稳脚跟，然后再谈升职加薪

工作给你的不仅是金钱和履历表上的一个经历，重要的是它为你职业生涯的规划甚至是人生的规划奠定了基础。当你找到一份工作，你要学会珍惜。只有好好工作，你才能更好地发展自己。

在工作中，你必须清楚地知道你在工作中要获得什么以及如何获得。当然，对于职场新人来说，首先要站稳脚跟，然后再谈升职加薪。

杰克在国际贸易公司上班，他很不满意自己的工作，愤愤地对朋友说：“我的老板一点也不把我放在眼里，改天我要对他拍桌子，然后辞职不干。”

“你对于公司业务完全弄清楚了吗？对于他们做国际贸易的窍门都搞通了吗？”他的朋友反问。

“没有！”

“‘君子报仇，三年不晚’，我建议你好好地把公司的贸易技巧、商业文书和公司运营完全搞通，甚至如何修理复印机的小故障都学会，然后辞职不干。”朋友说，“你用他们的公司，做免费学习的地方，什么东西都会了之后，再一走了之，不是既有收获又出了气吗？”

杰克听从了朋友的建议，从此便默记偷学，下班之后，也留在办公室研究商业文书。一年后，朋友问他：“你现在许多东西都学会了，可以准备拍桌子不干了吧？”

“可是我发现近半年来，老板对我刮目相看，最近更是不断委以重任，又升官、又加薪，我现在是公司的红人了！”

“这是我早就料到的！”他的朋友笑着说：“当初老板不重视你，是因为你的能力不足，却又不努力学习；而后你痛下苦功，能力不断提高，老板当然会对你刮目相看。”

赢在职场的首要条件，是完成个人的职业化。职业化不是简单的脱掉学生装、换上正装、走进写字楼那么简单的事情，而是在经过诸多的磨砺之后，达到心智的成熟，学会在工作中用自己的实力证明自己的价值所在。

很多年轻人，好像不知道职位的晋升，是建立在忠实履行日常工作职责的基础上的。只有尽职尽责地做好本职工作，才能使自己渐渐地获得价值的提升。相反，许多人在寻找自我发展机会时，常常选择跳槽。这种选择显然是错误的。不要只知道抱怨老板，却不反省自己。如果我们不是仅仅把工作当成一份获得薪水的职业，而是把工作当成是用生命去做的事业，自动自发、全力以赴，我们就能获得自己所期望的成功。

周瞳和高建同时进了一家公司，高建自恃自己有才，又做出了一定的业绩，觉得自己应该到更大更好的公司去发展，于是就跳槽了。而周瞳总是对公司里的老员工特别尊重，特别崇拜那些业绩好的老员工，并以他们为榜样，经常向他们请教怎么做工作、怎么做业务。

周瞳一直很努力地在公司待着，从没有跳槽的打算。他平时总是很用心地整理客户资料，有一点的空余时间也会对着镜子练销售话术，还自费上了业务培训班，抽时间认识了不同行业的人……在不停积累的情况下，周瞳的业务知识丰富，能力也相应地得到了很大的提高，也积累了优良的人脉关系，行事作风也开始稳重起来，这些很快让他成为了一流的业务人才，业绩在同事中间很突出。不久，便获得了升职加薪的美事。

在工作中努力尽职尽责、有始有终的人，总会有获得晋升的一天。有些薪水很微薄的人，忽然被提升到重要的职位上，这看来似乎有点不可思议。其实是因为在拿着微薄薪水的时候，他们就在工作中付出切实的努力，尽职尽责的工作，获得了充分的经验，这些便是他们忽然获得晋升的原因。

许多年轻人认为他们现在所得的薪水太微薄了，所以竟然连比薪水更重要的东西也都放弃了，他们逃避工作，在工作过程中敷衍了事，发泄他们对雇主的不满。这样，他们就埋没了自己的才能，泯灭了自己的创造力和发明才能，也就使自己可能成就伟大事业的潜能无法获得发展。作为一名员工为了表示对微薄薪水的不满，固然可以敷衍了事地工作，但经常这样做，等于使自己的生命枯萎，使自己的希望断送，终其一生，只能做一个庸庸碌碌、心胸狭隘的懦夫。

在工作中有着一个正确的价值观才能走向成功。今天所有成功人士看来甚是风光，其实他们取得的成就都是他们过去长期累积而来的。每个人对于自己的职位都应该这样想：我投身于企业界是为了自己，我也是为了自己而工作；固然，薪水要尽力地多挣些，但这并不重要，最重要的是由此获得踏进社会的机会，也获得在社会上取得成功的机会。这将是工

作给予你的最有价值的报酬。

所以，在工作过程中，应该运用自己的智慧，发挥自己的才能和创造力，以积极的心态来做一切事情。只有这样，才能使你的雇主对你产生特别的关注。随之而来的自然就是你的升职加薪。

7. 获得高薪的秘诀

在职场中，大部分工薪阶层最关心的不外乎两件事：一、所领薪水是否充分体现自己的贡献；二、在同等职位中，自己所领薪水是否偏低。可见，人人都喜欢高薪水。而且，高薪也有秘诀可寻。一方面，高薪来自于公司的高绩效。如果公司经营状况堪忧，追求高薪无异于缘木求鱼。另一方面，高薪也来自于个人工作的高绩效。

王鲲鹏的职业道路很平坦，硕士毕业后一直在现在的IT公司工作，由于IT业的薪酬一直居于各个行业薪酬榜的前列，从业3年，王鲲鹏早就跨入了30岁年薪10万元的队伍。

王鲲鹏是如何获得这一职位，又是如何在30岁前实现年薪10万元的呢？这离不开他充分的知识积累和良好的职业规划。成功只降临在有准备的人身上，王鲲鹏为自己的成功做足了准备。

王鲲鹏在大学里学的专业是材料加工与自动化，在跟从学校老师一起做课题时，他就很注重计算机和自动化方面动手能力的培养。而且在专业之外，王鲲鹏还对营销学产生了浓厚的兴趣。

面对求职中的激烈竞争，王鲲鹏懂得未雨绸缪。毕业前一年，他就经常赶赴各个IT公司的招聘会场。他说："在招聘会上不仅可以了解公司情况、感受企业文化，更重要的是熟悉公司招聘的程序，了解公司需要什么样的人才，认识自己的优势和不足，可以更早地查漏补缺、对症下药。"这使王鲲鹏在正式找工作时游刃有余。凭着出色的专业能力和面试技巧，王鲲鹏拿到了三家IT公司的录取通知。经过深思熟虑，综合考量它们的技术实力和发展潜力之后，王鲲鹏选择了现在就职的公司。

王鲲鹏在公司从事的是技术翻译工作，他出色的英语能力和计算机专业知识为他赢得了这个高薪职位。尽管工作并不如想象中那样富有激情和创造力，甚至有点枯燥，加上IT业工作的高压力、高强度，很多同事在工作不到一年的时候就离开了公司，但王鲲鹏没有放弃，因为成功就在再坚持一下的努力之中。除了努力去适应公司文化，调整自己的心态，他更重视锻炼自己承受压力的能力。此外技术翻译的工作也使他有更多机会接触到最前沿的技术动态，使自身的业务水平得以快速提升。

针对自己营销学知识丰富、良好的外语沟通能力和技术过硬等优势，王鲲鹏给自己下一步的定位是到公司的海外部从事技术服务工作，从单纯的内部技术支持到外部技术营销、技术服务也是一条技术人员比较青睐的职业路线。王鲲鹏有信心能够获得这样的机会，他的"薪酬"到时也会再上一个台阶。

王鲲鹏获得高薪的秘诀在于他选择了IT行业，IT业作为一种典型的知识导向型行业，对于从业人员的素质要求非常高。要想进入这样的行业，要想获得像王鲲鹏这样的高薪，就必须具备充分的知识积累。王鲲鹏的工作不仅要求他有很高的专业技术能力，还要具备较为突出的英语能力。他在大学阶段充分地打造了自己的这些能力，从而为他获得高薪提供了有益的帮助。这也是我们在工作中要学习的高薪之路。

此外，聪明的上班族不仅要创造绩效，更应力图使绩效"可见化"。最简单的做法是，为自己建立绩效清单，每季或每半年填写一次。在年终考核面谈时，可以争取较高的绩效评估，增加涨薪水的筹码。

文琪是个在北方长大的女孩，性格外向开朗，大学毕业后四

年就已经是一家著名公司的营销部主管，年薪已逾10万元。

四年前，文琪独身一人来到上海“闯天下”的时候，并没有想到自己能够这么快找到高薪岗位。“我觉得自己过去的工作经验和业绩能够为自己找到一份不错的工作，但是在三十岁前实现年薪十万的目标还是有点出乎自己的意料，毕竟十万年薪这个档挺难跨越的。”文琪很坦率地说道。

文琪最初的职业生涯路走得并不容易，大学毕业后她选择了一家公司营销策划的工作，刚开始工作的半年里，她差不多走遍了大半个中国。从北京、上海、南京、西安到深圳、成都、海口，她跟着团队，每半个月就换一个城市搞大型的营销活动，这样的经历并不是一般的女孩子能够忍受的，但是文琪反而觉得这是她获得的职业生涯的最大一笔财富。她是一个性格外向，愿意付出，不安于现状的人，文琪很快就在这样高强度的摸爬滚打中熟悉了营销工作，大到整体策划，小到细节操作，起初作为新生力量，只能帮帮忙，后来通过不断的学习和实践经验的积累，她就已经独当一面，能够独立完成大型营销策划了。

“迅速地从一名大学毕业生成长为团队的中坚力量”，文琪在底薪之外，凭借自己出色的表现和营销业绩，每个月的收入都保持在6000元左右，在不到两年的时间里，文琪就升任地区营销经理。随着职位的升迁，薪水更是一路高涨。

文琪愿意付出，能够承受辛苦使她在工作中不断得到提升，并让自己的职业生涯道路越走越宽，薪酬也越来越高。在职场中，你的工作价值决定了你获取薪酬的额度。所以，永远不要为自己的工作和收入设限，只要勇于付出，不断努力，一切皆有可能！

要知道，任何一位老板都是十分明智的（他们绝非你想象的那副样子）。谁都希望能拥有更多的优秀的员工。而且，他会依据员工的表现而判定给谁加薪和晋升。出色地对待工作的人，迟早会获得晋升，工资也一定会得到提高。但是，任何一位聪明的老板都不会这样对你说：“好好工作，我给你提高一倍的工资。”他们往往会这样对你说：“努力干吧！把你所有的能力使出来，还有更多的工作需要你做呢！”当老板让你做更好更重要的工作的时候，你的薪水自然会得到提高。因此，工作是值得我们用生命去做的事情。要是你以100%的精力对待工作，绝不敷衍，绝不偷懒，哪怕现在薪水再低，也有机会获得高薪。

第六章

掌握正确的工作方法,创造自己的职场价值

工作中没有解决不了的问题,只有不会用智慧去把问题解决的人。凡事必有方法去解决。正确的方法是做好工作的重要保证。掌握了正确的工作方法,往往能收到事半功倍的效果。如果你有实力,开动脑筋好好工作吧,是金子到哪都会发光的。一个优秀员工应该勤于思考,善于动脑,分析问题和解决问题,找出巧妙的解决办法,而不是一味出蛮力,事倍功半。

1.

请拿出方法:为工作解决问题

工作不是消极被动地打工,也不是表面上地完成任务。工作中总是有层出不穷的问题和困难,不要习惯性地认为这些问题、困难是属于上司和老板的,和我们无关。事实恰恰相反,那正是我们需要做的事情。工作的实质,就是解决那些妨碍我们实现目标的各种各样的问题。有问题是正常的,没有问题才不正常。每一位员工,也许每天都要面对层出不穷的问题,而问题永远不会自动消失。最好的办法,就是对问题负责,勇敢地面对问题,开动脑筋解决问题。

在职场中,成功者与失败者的分水岭,就在于前者能够勇敢地解决问题,闯过难关,通向胜利,而后者只能像鸵鸟一样,遇到问题,要么把头埋进沙子,对问题视而不见,要么还没有努力就已经望而却步,持观望态度,甚至指望别人能够替自己解决问题。

毕业于名校的小刘一直坚信要靠能力说事,在学校看成绩,到了工作单位就要看业绩。于是在办公室里,他成了名副其实的拼命三郎,每日埋头工作。遇到工作多的时候,团队中一些游手好闲者常常叫苦不迭,而此时,小刘总是挺身而出,大包大揽地替别人干活儿,他认为:“年轻人多干点儿没什么不好,又累不死,还能多锻炼自己呢。”

渐渐地,他除了干自己的本职工作,还要收拾许多烂摊子,有时甚至一加班就到晚上十点,别的同事都忙着在领导面前展示自己,他却总缩在自己的办公桌前,疏于和领导沟通。

一次，在给领导上报的材料中，他算错了一个重要数据，领导十分生气地说："每天就看你瞎忙，也不知道忙的是什么，自己的工作出这么大漏洞，你自己好好儿检讨一下吧！"小刘觉得很冤，自己一直以来埋头苦干，不被领导赏识不说，反倒挨了批，真是吃亏不讨好。

小刘整天很努力地工作，劳心劳力，像老黄牛一样勤勤恳恳，但却总是没有多少成绩。他只懂得动手，不懂得动脑筋。这种工作方式显然是错误的。工作一定要有方法，有结果、有效益！只知道蛮干、苦干，结果弄得一团糟，就是白白浪费时间和金钱。

我们去看看那些高绩效的员工，那些靠着某些因素成功的"幸运儿"，他们从来不曾回避问题，从来不曾惧怕困难。他们总是积极思考，不仅能够透过表面现象看到问题的本质，更能从中找出有效解决问题的办法，因此，他们总是能够克服别人克服不了的困难，解决别人解决不了的问题。

美国一家出租高层写字楼的房地产企业，不知怎么接二连三地收到投诉，抱怨等电梯的时间太长。这家企业很重视，马上派人去处理。原因很快弄清楚了，原来这栋写字楼比较高，而且没有设置转台。当时，楼层高的建筑需要设置电梯转台，比如，客人要上30楼，得先乘电梯到20楼的转台，然后再搭乘另外一台电梯上去。

既然找到了原因，那就想办法进行工程改造吧！预算结果一出来，董事长不愿意了。因为改造工程要花好几百万美元，工程结束最少得半个月，这还不是关键，关键是改造期间写字楼上所有办公的公司都得停业。

于是公司召开董事会讨论问题解决方案，一个董事提议，找个心理专家咨询一下，看可否有其他解决办法。抱着试一试的心情，心理专家很快找来了，在了解了具体情况后，他给出了一个非常简单的答案——就是在大厅里装上一面大镜子。

结果，问题得到了很好的解决，很少有人再对"等电梯时间长"的问题进行投诉。原来，投诉者都是在写字楼里上班的职员，而他们所在的公司又都是上班时间差不多，乘电梯都在同一时间段内。加之在这里工作的基本上都是男士，一群男士挤在电梯门口狭小的空间内，由于压抑和无聊，总觉得等待时间很漫长。而现在，大厅里放上大镜子，不但扩大了视觉空间，也为平时早上慌慌张张往公司赶、连梳妆都没怎么顾得上的男士们提供了方便，自然使等电梯的时间从心里感觉上缩短了不少。

在工作中找到了一个正确的方法能够事半功倍。在努力的基础上，工作还需要聪明的去思考，想出办法才能更好地工作。如果你一味地忙碌以至于没有时间来思考解决问题的方法，那是得不到事半功倍之效的。

不论是什么情况，工作中问题总是无穷无尽的，只要愿意，可以找出无数的问题。找问题不难，难的是通过对问题的分析，收集信息，理清思路，找到解决办法，提出解决方案。老板聘请员工，是请他来解决问题的，而不是请他来提出问题的。可以说，解决问题是员工的职责所在，否则他就失去了被聘用的前提。

英国皇家海军有一次招聘雇员，口试题目为：在一个大风雪的夜晚，你开着一辆车，经过一个车站，有 3 个人在等车。一位是有病的老太太，一位是救过你的医生，一位是你梦寐以求的情人。你会载哪一位？请说明你的理由。

载老太太。因为救人第一；载医生，因为知恩图报；载情人，因为可能一辈子再也碰不到。

200 多位应聘者给了各式各样的答案，有的应聘者还在答案后附加了很多理由。但最后被录取的那位的答案是：把车钥匙给医生，让医生带老太太去医院，我留下来陪梦寐以求的情人等车。

一个能想到这个最佳答案的人一定善于及时转变自己的思考模式，善于运用自己的大脑，他的答案体现出了随机应变，善于处理棘手事务的智慧。这样的员工才是企业最需要的员工。

提供解决方案而不是问题，是员工面对工作时恰当的做法。多提解决方案，少提问题，用形象的说法，就是在面对事情的时候，尽量给老板画圈，而不是让老板填空。让老板画圈，就是给老板选择的机会，让老板可以在你提供的不同方案中做出一个适当的决策。让老板填空，就是在面

对问题的时候，你只是给老板提供了一堆信息，但是并没有提出解决方案，而要求老板自己去想解决方案。

那种将问题甩给老板的做法，其实是在逃避自己的责任。当事情出现了差错或者没有完成，他们很自然就找到了借口："决策不是我做出的，事情是按照老板的办法进行的，是老板的方法不对，而不是我做得不好。"甚至还有一些人，他们这么做，其实是把自己当成老板了，因为本来是他跟老板汇报解决办法的，现在他把问题甩给老板，等着老板提出办法，变成了老板给他做汇报了，这显然不是老板希望的结果。

在职场中，做好工作很简单，就在于善于开动脑筋去想办法，用智慧去解决问题。工作的最终目的是找准正确的方法解决问题。作为一名优秀的员工，你要做的不是一味地表决心和一味地咬紧青山不放松，而是善于动脑筋，将问题处理好，在企业里能独当一面。只要我们在工作中主动运用我们的大脑，好方法就会泉水般涌出，我们也会在职场中找到属于自己的最佳坐标。

2. 机遇藏在问题中，做一个解决问题的高手

在工作中，人与问题的关系是猎手与猎物的关系。要么，人是猎手，问题是猎物。要么，人是猎物，问题是猎手。不是你消灭它，就是它消灭你。一个优秀的员工，总能在第一时间察觉问题、并妥善处理。我们不该放过任何的苗头，应该认真加以重视，直到把问题产生的根源找到，并将问题解决。

据说日本剑道大师冢原卜传有三个儿子，都向他学习剑道。一天，卜传想测试一下三个儿子对剑道掌握的程度，就在自己房门帘上放置了一个小枕头，只要有人进门时稍微碰动门帘，枕头就会正好落在头上。

他先叫大儿子进来。大儿子走近房门的时候，就已经发现枕头，于是将之取下，进门之后又放回原处。二儿子接着进来，他碰到了门帘，当他看到枕头落下时，便用手抓住，然后又轻轻放回原处。最后，三儿子急匆匆跑进来了。当他发现枕头向他直奔而来时，情急之下，竟然挥剑砍去，在枕头将要落地之时，将其斩为两截。

卜传对大儿子说道："你已经完全掌握了剑道。"并给了他一把剑；然后他对二儿子说道："你还要苦练才行。"最后，他把三儿子狠狠责骂了一通，认为他这样做是他们卜传家族的耻辱。

卜传凭什么原则给三个孩子不同的评价呢？其中的一点，就是对问题的觉察。大儿子能够以最敏锐的思维，觉察到问题，并且将问题消灭在萌芽状态；二儿子发现问题晚，但当问题发生时，处理得当；三儿子根本没有发现问题，当问题出现时，便采取极端的应急方式进行处理，结果把不应该砍掉的枕头砍掉——自己制造了新的问题。

在企业的发展过程中，总会不可避免地遭遇到各种问题和困扰。问题会时不时出现，就像每个人都会生病一样。所以，老板迫切需要的是那种能及时解决问题的人才。解决问题的能力是员工的核心竞争力。世界上不存在一份没有任何问题的工作。工作就是一个不断碰到各种问题并逐一解决问题的过程。问题不会自己消失，除非将其彻底解决。有的人逃避问题，因为他们对自己解决问题的方法和能力没有自信；有的人害怕问题，因为他们害怕在解决问题的时候给自己带来麻烦；有的人解决问题，因为他们知道只有解决问题才是避免问题的良方。

在职场中，老板聘用一个人，给他一个职位，给他与这个职位相应的权力，目的是为了让他完成与这个职位相应的工作，而不是让他在这个职位上休养生息。如果面对问题，你总不能妥善解决，那么问题就会成为你工作的负担，这样，不只是你本人的不幸，而且还将会给你的公司和你的老板带来不幸。"我能为公司做什么？"这应该是每一位员工从进公司那

一刻就该明白的事情。因此，你要主动地、积极地、创造性地把属于你的工作做得尽善尽美，然后你才能提出报酬。

在企业中，我们看到很多职员在工作中不尽心尽力，不仅没有创造价值，反倒留下一大堆问题。他们的想法是：我能做到什么程度就做到什么程度，反正公司是老板的，他不可能不管，我做不好，他自然会来替我做。更有甚者，他们在接受任务时，就采取拒绝的态度，说“我做不了”，毫无责任心可言。应该说这是一种非常危险的工作态度。因为当你工作不尽心尽力，而迫使老板亲自来解决你工作中的问题时，那么，你离丢掉饭碗的日子也就不远了。

一天，主管把李木木和万方两个新员工一起叫到办公室，介绍说公司规划一项新业务，公务员考试培训项目，现在需要联系有关专家来讲课。

小万听了，很激动，他认为这是个锻炼和展示自己能力的机会，没准儿以后自己还可以负责这块业务呢。不错，我一定要完成。小李则不同了，他根本不当回事，心想，这种事情，老板关系网大着呢，他自己能没能力解决吗？指望我们这些刚毕业的毛头小伙子，联系谁去？专家教授们架子大着呢，我可不跑去吃闭门羹，反正结果对我无所谓，我老老实实干我分内的活就是了，我也不指望靠这个提升。

小万立即上网搜索专家，找到他们的电话，一一联络，有的只有办公室的电话，打过去经常没人接，但小万乐此不疲，每天都提前到单位，在专家最可能出现的时间打过去，圈定了合适的人选，就当即约见。很快，这项任务就完成了。而小李同样也上网寻找专家，但有的被拒绝，有的联系不到人，很快，他就给领导“撂挑子”，满面愁容地说：“我找过了，根本找不到人，要不就不感兴趣，要不就联系不上本人，我真的尽力了，很抱歉。”

当然，他们的后果也不同，一年后，小万成了公务员考试培训业务的负责人，升为项目经理，年底的时候，老板奖励他一辆奥迪轿车。而小李，则看不到自己提升的空间，选择了离开。

在工作中，要想抓住机遇，就要解决问题。因为机遇总是乔装成“问题”的样子。在老板眼中，没有任何事情能够比一个员工处理和解决问题，更能表现出他的责任感、敬业精神和不可替代的价值。一个经常为老板解决问题的人，肯定能最先得到老板的青睐和提拔。首先，他没有让问题延误，酿成大患；其次，他让老板非常省心省力，老板可以把精力集中到更重大的问题上。有了这样的员工，老板就少了很多后顾之忧。

所以，工作中遇到林林总总的问题时，不要幻想逃避，也不要犹豫不决，更不要依赖他人，而要敢于面对和迎接，敢于作出自己的判断。对于自己能够判断，而又是本职范围内的事情，要大胆地去拿主意，让问题在自己那儿解决。解决了问题，你才能迎向新的契机，就取得了胜人一筹的竞争优势，老板必然就会知道你是个良才。这样，你才能受到老板的青睐和提拔。

3. 多找办法，少找借口

工作中有问题是正常的，正如人生中总会遇到种种麻烦与不测。到目前为止，还没有听说过在工作中没有碰到问题的人，不论他是老板还是员工。逃避问题、把问题推给上司或者老板，并不能解决问题。相反，还会给上司、老板留下工作不负责任的印象。怪老板不开明、怪条件不具备、怪同事不配合，这些怨气对问题本身的解决也没有任何好处。愚昧的人坐在一起互相抱怨，最后问题越来越严重；而明智的人总是多从自己身上找原因，积极寻找改进的办法。

郑军刚到深圳一家机械装备公司做业务员，因为还在试用期，所以还没有机会承揽多少业务。总经理从某些渠道得知，西部地区某小城需要他们公司的机械设备产品，就有意选派人员

前往。大家都知道这项任务绝非美差，当地的生活条件艰苦不说，工作上还很难出成绩。于是，大家纷纷找理由推诿，有的说自己手上的案子要跟进，有的说家里有事不能离开。郑军向来有不服输的性格，就主动揽下了这项艰巨的任务。

到了那儿，郑军才发现，当地的情况比想象中的还要糟糕。在小城出差的日子并不如意，真令人有度日如年的感觉。更让郑军灰心的是，在该城联系的几家工厂都没有采购他们的产品，虽然郑军尽了最大的努力，但只有一家签了初步合作的协议。

回到单位后，因为郑军敢于接受高难度的工作任务，不推三阻四，老总并没有责怪他。恰恰相反，还对郑军的工作给予了肯定，认为他有进取心，责任能力强，敢于接受挑战。试用期一过，郑军就顺利地转为正式员工。这以后，郑军工作上更加积极，公司也对他青睐有加。很快，郑军就独当一面被任命为一家分公司的经理。

在工作中，不要拿“我没干过”之类的话做借口，工作的过程本身就是一个学习过程。不怕干不了，就怕不去干。不敢去尝试的员工，永远也开创不了新天地，只能在自己的狭小世界中徘徊。那些喜欢找借口的员工，往往将自己的失败归咎于工作的困难和对手的强大。在遇到困难和挫折的时候，不是积极地去想办法克服，而是去找各种各样的借口为自己的懒惰和灰心找理由。

世界上没有解决不了的问题，只有不想解决问题的人。很多人之所以惧怕问题，是因为问题常常被我们内心的恐惧夸大了。其实，问题往往并没有我们想象中的那么严重，而且我们也总是常常低估了自己所拥有的潜能——只要我们下决心去解决，问题就已经不再是问题了。

有一个叫罗伯特的美国人，想用 80 美元来周游世界，别人都认为他是在痴心妄想。然而，罗伯特没有理会那些冷嘲热讽，他找出一张纸，写下了用 80 美元周游世界的各种办法：

(1)设法领到一份可以上船当海员的文件；

(2)去警察局申领无犯罪证明；

(3)考取一个国际驾驶执照，找来一套地图；

(4)与一家大公司签订合同,为其提供所经国家的土壤样品;

(5)同一家胶卷公司签订协议,可以在这家公司的任何一个分公司免费领取胶卷,但要拍摄照片为公司做宣传。……

当罗伯特完成上述的准备之后,他就在口袋里装好 80 美元,兴致勃勃地开始了自己的旅行。结果,他完全实现了自己的梦想。以下是他旅行经历的一些片断:

(1)在加拿大巴芬岛的一个小镇用早餐,他不付分文,条件是为这家餐馆拍照并承诺在旅行中宣传。

(2)在爱尔兰,花 5 美元买了 4 箱香烟。从巴黎到维也纳,费用是送司机一箱香烟。

(3)从维也纳到瑞士,由于他搭乘货车的司机在半途得了急病,已经拥有国际驾驶执照的他将司机送到了医院,并将货物安全送到了目的地。货运公司非常感激他,专门派车将他送到了瑞士,当然是免费的。

(4)在西班牙一家新开张的公司门口,该公司用来拍摄庆祝画面的照相机出了故障,于是罗伯特免费为他们拍摄了照片,而他们则送给罗伯特一张到达意大利的飞机票;

(5)在泰国,由于提供了一份美国人最近旅游习惯的资料,他在一家高档的宾馆享受了一顿丰盛的晚餐。……

罗伯特亲身制造的传奇,足够我们瞠目结舌了,他的勇气和智慧更值得我们喝彩!同样道理,在职场上,我们也有这样的潜质,我们也能创造出同样的传奇,只要我们有足够的信心,有积极的行动。这样,我们的创意之门就能打开,我们的头脑里也会冒出各种各样的办法。

在工作中,想办法才会有方法,方法总比问题多。优秀的员工面对问题时,总是去积极主动想办法,从不为回避问题找借口。他们正视问题、放松心情,把问题看做成长的机会;他们相信自己有能力解决问题。他们明白:企业需要的是解决问题的人,成功青睐的也是善于解决问题的人。

柯特大饭店是美国加州圣地亚哥市的一家老牌饭店。由于

原先配套设计的电梯过于狭小老旧，已无法适应越来越多的客流。于是，饭店老板准备改建一个新式的电梯。他重金请来全国一流的建筑师和工程师，请他们一起商讨，该如何进行改建。

建筑师和工程师的经验都很丰富，他们讨论的结论是：饭店必须新换一台大电梯。为了安装好新电梯，饭店必须停止营业半年时间。

“除了关闭饭店半年就没有别的办法了吗？”老板的眉头皱得很紧，“要知道，这样会造成很大的经济损失……”

“必须得这样，不可能有别的方案。”建筑师和工程师们坚持说。

就在这时候，饭店里的清洁工刚好在附近拖地，听到了他们的谈话，他马上直起腰，停止了工作。他望望忧心忡忡、神色犹豫的老板和那两位一脸自信的专家，突然开口说：“如果换上我，你们知道我会怎么来装这个电梯吗？”

工程师瞟了他一眼，不屑地说：“你能怎么做？”

“我会直接在屋子外面装上电梯。”

“多么好的方法啊！”工程师和建筑师听了，顿时诧异得说不出话来。

很快，这家饭店就在屋外装设了一部新电梯，而这就是建筑史上的第一部观光电梯。

用一种灵活的方式去解决问题，是每一位成功者必须掌握的做事方法。世界是丰富多彩的，解决问题的方法就理应是多种多样的。所以，我们一定要敢于突破思维定势，灵活变通去寻求各种各样解决问题的方法。工作的实质就是凭借我们自身的能力、经验、智慧，凭借我们自身的干劲、韧劲、钻劲，去克服困难，解决那些妨碍我们实现目标的问题。逃避问题、把问题留给上司、指望问题自动消失，这些都不是办法，也是不可取的。

解决工作中的问题，是每个职场中人的基本职责。而且也只有在面对困难、解决问题的过程中，才能激发我们潜藏的力量，唤醒我们沉睡的智慧，从而帮助我们实现能力的飞跃，使我们有能力去实现自己的理想。因此，工作中要多找方法，少找借口。所有成功的人士都是在解决一个又一个问题的过程中成长的；同时，也正是一个个问题的解决锻炼了他们，成就了他们。

4.

找对工作方法，提升工作效率

效率的概念来源于工业生产，但在当代，它已不仅仅是一个简单的公式，更有着深刻的时代和现实背景，其内涵和意义已经远远超出了生产领域，影响着社会发展的每个领域，决定着我们工作生活的每个细节。管理大师彼得·德鲁克曾在《有效的主管》一书中简明扼要地指出："效率是以正确的方式做事。"一般认为，效率是指完成的工作量与所花费的时间、精力的比例。

在工作中，任何方法如果是无效率的，就是没有生命力的。那么，应当怎样提高工作效率，用最短的时间将工作、任务做到最好，也就是又快又好地完成工作呢？答案就是找对方法。

在美国航天史上曾经出现这样的问题，宇航员在失重状态下用圆珠笔根本写不出字来，无法做完整的记录，于是，他们用了10年时间，花了120万美元，科学家们终于发明了一种圆珠笔。这种笔适用于失重状态、身体倒立、水中、任何平面物体、摄氏零下300度，都能正常使用。而俄罗斯人在登上太空的时候也遇到同样问题，其中一个年轻的科学家觉得只要能写出字就可以的话用用铅笔效果做好。这不像美国人那样花费那么大时间精力和金钱来制造一个可以写出字的圆珠笔，而是曲径通幽，巧妙地解决了难题。

在美国的企业中流行这样一句话："上帝不会奖励努力工作的人，只

会奖励找对方法工作的人。"就像世界上出了锁以后必然有与之相应的钥匙一样，问题与方法也是共存的。找到方法，找对方法，在今天这个处处以业绩说话的时代，已经变得至关重要了。对于员工而言，能够找到、找对方法已成为个人职业生涯中一项最重要的技能。

大作家毛姆出版第一本小说的时候还没什么名气，很多作品销售量都不高，毛姆着急了。但是他并没有像现在一些作家那样去签售，或者转型，来面对销售量的惨淡，而是选择征婚。对，就是征婚，毛姆一家发行量很大的报纸上登了一则征婚启事：本人年轻英俊、教养深厚、百万富翁，欲寻一位毛姆小说中女主人公式的女孩为终身伴侣。这个征婚启事一刊登，一石激起千层浪，击中了许多女孩的芳心，纷纷去购买毛姆的小说还有一些人是抱着好奇心去看，这位百万富翁的品位到底如何？结果，毛姆小说大卖。等大家拿到手里，发现写的还不错，毛姆也就出名了。

工作其实就是解决问题、实现目标的过程。在这个过程中，选择好的方法至关重要。因为在正确的方法指导下，我们能以最少的时间、最少的资源达到目标。

一次，美国通用公司招聘业务经理，吸引了很多有学问、有能力的人前来应聘。在众多应聘者中，有三个人表现极为突出，一个是博士A，一个是硕士B。另一个是刚走出大学校门的毕业生C。公司给这三个人出了这样一道题：

有一个商人出门送货，不巧正赶上下雨天，而且离目的地还有一大段山路要走，商人就去牲口棚挑了一头驴和一匹马上路。

路非常难走。驴不堪劳累，就央求马替它驮一些货物，可是马不愿意帮忙，最后驴因为体力不支而死。商人只得将驴背上的货物移到马身上，马有些后悔。

又走了一段路程，马实在吃不消了，就央求主人替它分担一些货物，此时的主人非常生气，说："如果你替驴分担一点，现在就不会这么累了，这都是你自找的，活该！"

没多久，马也累死在路上了，商人只好自己背着货物去买主家。

应聘者需要回答的问题是：商人在途中应该怎样才能让牲口把货物驮往目的地？

A说：把驴身上的货物减轻一些，让马来驮。这样就都不会被累死。

B说：应该把驴身上的货物卸下一部分让马来驮，再卸下一部分自己来背。

C说：下雨天路很滑，又是山路，所以根本就不应该用驴和马，应该选用能吃苦且有力气的骡子去驮货物。商人根本就没有想过这个问题，所以造成了重大损失。

最后，C被通用公司聘为业务经理。

C就是一个善于找对工作方法的人。虽然他没有很高的学历，但是他遇到问题时不拘泥于原有的思维模式，善于运用自己的思想，灵活处理问题，所以他成功了。

凡事必有解决的方法，找对了方法，抓住问题的关键点，对症下药，问题自然迎刃而解。常言道："良好的开端是成功的一半。"这也揭示了用对方法做事的重要性。一开始就是把事情给做对，选择对了，努力就不会白费。把找方法当成一个习惯运用到工作中去，并且坚持下去，你就能开创新思路，取得好成绩。

5. 能解决问题，老板才能迅速发现你

作为员工，不管是接受任务时，还是在完成任务的过程中，都应该坚定地认为：自己的问题必须自己解决！你应该明白你和老板的工作关系

是这样的：你是执行老板分配的工作，而不是你在给老板安排工作。

一项对美国多个大公司CEO的调查表明，CEO们最欣赏的，就是那些主动要求做某项新工作、接受新挑战的员工。无论能否做好，至少这些员工比那些只会被动接受工作的员工更令人欣赏。因为他们从不回避问题，从不惧怕困难。他们总是积极主动思考，勇敢面对难题，运用智慧找到最有效地解决问题的方法。

周晓彤是某外企的公关人员，有一次，公司要和一家跨国公司谈一个合作项目，双方商定在五一期间去九寨沟，讨论合作的相关事宜。当时正值旅游高峰时期，九寨沟的房源非常紧张。周晓彤的公司和客户一行将近十几个人，因为要谈公事，所以他们必须住到同一家宾馆。原来周晓彤订的是五星级酒店，但是后来由于酒店方面操作失误，结果发现客人到达后已经住满了。无奈之下，周晓彤代表公司再三向客户道歉，并对客户承诺一定解决这个问题。

之后，周晓彤准备向领导汇报这一情况，但当时天色已晚，公司那边已经下班，周晓彤不愿意再打扰忙碌了一天的领导，于是决定自己解决问题。她首先把两方客人安排到茶屋休息，然后想方设法找宾馆，她打了不下30个电话，终于找到了一家合适的五星级酒店。十几位客户顺利地住进了这家酒店，并对周晓彤的工作很满意。接下来的几天里，双方谈判非常顺利，并且签下了合作协议。回到公司后，老板对周晓彤大加赞赏，不仅给她加了薪水，还升了她的职。

工作其实就是解决问题、实现目标的过程。在这个过程中，选择好的方法至关重要。因为在正确的方法指导下，我们能以最少的时间、最少的资源达到目标。在工作中必然会遇到各种各样的问题，对此，往往有两种态度：一是找理由躲避；一是找方法解决。两种态度，不仅是工作效果上的差别，而且是命运的天壤之别：主动找方法的人，大多发展得很好的人；不断找理由的人，大多没有发展前途。

在美国，几乎家家户户都有冰箱，这种高度成熟的产品竞争也非常激烈，利润每况愈下，厂商都在挖空心思的推销自己的产品。而一家日本公司却非常擅长用逆向思维解决问题，发明创造了一种与19英寸电视机外形尺寸一般大小的冰箱，口号就是“让家跟着你走。”这种微型冰箱投入市场，立刻引起众多消费者的兴趣，人们惊喜地发现，除了可以在办公室使用，还可以在车上，去野营的时候用，舒适又方便。微型冰箱改变了一些人的生活方式，也改变了那家日本公司进入市场初期默默无闻的命运。微型电冰箱与家用冰箱在工作原理上没有区别，其差别只是产品所处的环境不同。日本人把冰箱的使用方向由家居转换到了办公室、汽车、旅游等其他侧翼方向，有意识地改变了产品的使用环境，引导和开发了人们的潜在的消费需求，这极大地方便了消费者，达到了产品的目的。

聪明的头脑是解决工作困境最有力的武器，要想取得更好的业绩，就必须积极地转变思维方式，运用智慧的力量，用一种全新的办法来应对困难，这样才能取得最好的效果。在工作中，开发你的智慧、寻找新的方法、改进现有工作方式中的不足和缺陷，是每个员工都应该掌握的。

英国科学家达尔文说：“世界上最有价值的知识就是关于方法的知识。”同样的问题摆在众人面前，成功者主动寻找方法、积极解决问题；而失败者只知一味蛮干，遇到问题就临阵脱逃，永远在找理由为失败辩解。

有一个厂子，常年生产衬衫，可是，随着人们思想的转变，穿这种老式衬衫的人越来越少了，厂子的效益一年不如一年。几年下来，库房堆满了卖不出去的旧货。

这时，有个年轻的工人提议，把积压的白衬衫前后印上一些字，比如：“朋友，别再伤害我！”“我烦着呢！离我远点！”“笑一笑好吗？”“一块儿吃个饭吧！”这些新潮的词印在衬衫上，让这些衣服显得很另类，满足了当下年轻人追求时尚的心态。

当时，很多人不赞同这种做法，认为这种改变意义不大。厂长决定先做出一批投放市场，看看客户的反应如何。很快，一批印有标语的衬衫摆到了商场的货架上，让人意想不到的是，这些衬衫很快被销售一空。于是，第二批、第三批印着个性标语的衬衫纷纷上市，并大量销售，一时间，无人问津的“老衬衫”变成了

一种时尚的服装。该厂不仅卖掉了积压的产品，还加班加点地进行生产，一个濒临破产的企业居然起死回生了。

有与众不同的想法，才能有与众不同的收获。把衬衫卖成时尚就是这样。在工作中，思路决定了一个人的出路和人生的高度。2004 年 10 月。美国著名杂志《商业周刊》刊登的一篇文章，可能让我们对思维在人生中的价值认识更深刻。在这篇名为“最佳商学院排名”的文中披露：在调查的公司中，芝加哥大学的毕业生最受欢迎。为什么该校的毕业生最受欢迎呢？主要因为该校培养了大批经济神童，而大批经济神童之所以产生，是由于该校特别重视对 MBA 学员进行分析问题和解决问题的思维方法能力的系统训练。正如一位富翁所说：“只有看到别人看不见的东西的人，才能做到别人做不到的事情。”

证券分析师王刚为刘军的股票经纪公司提供咨询服务。由于王刚是新入行的年轻人，刘军对他并不看好。然而，王刚的办法是先找到自己最有把握的地方，这也就是客户防线最薄弱的地方。王刚的优势在于他已经对销售资料进行了分析，并推导出一系列结论。于是，他准备就他的发现与客户进行沟通。他安排了一个由客户企业各部门（如销售、交易、研究等）领导参加的说明会。

由于王刚已经通过对数据的实际分析，把问题的真相揭开了，所以他便直截了当地提出了他的发现。他的结论像重锤一样，给了刘军这些非常有经验的经纪人重重一击。

王刚的这个说明会产生了两个效果：首先，它使那些当初对王刚的结论不以为然的主管们确信，他们有问题，而王刚可以帮助他们解决。其次，由于王刚提出了自己的发现，他们对王刚的态度大为改变，这使得王刚下一步的工作容易了许多。会议之后，王刚成了随时帮助刘军解决问题的正式顾问。经过一段时间的努力，王刚获得了客户的信任和支持，客户更有热情了，自己的工作也更容易、更有进展了。

在这个世界上，不是每一个老板都能发现人才的。但你努力了，就问心无愧。只要你努力了，你就对得起了别人对你的信任，也对得起公司给你的那份薪水了。只要你努力，总有一个老板，总有一家企业是会发现你的努力和优点的。只要你努力，就会有收获。是金子，总有一天会发光的，只要努力，你就会被这个世界发现！

6. 面对困难，不抛弃，不放弃

遇到困难，多想办法，不抛弃，不放弃，敢于坚持才能走向成功。不抛弃，不放弃并不是说对于身边的每一件事都看得很重，而是说面对工作、面对困难要做到这一点。面对工作，不要抛弃任何一个人，给每一个人机会，这也是给自己机会。

上帝是公平的，他给了每个人一把打开成功大门的钥匙就是“坚持”。无论你是谁，只要你抓住了“坚持”这把钥匙，成功的曙光就会毫不吝啬地照向你。但一旦放弃了它，就算是近在咫尺的胜利女神也会悄然离开。所以，万事贵在坚持。

20世纪20年代，丰田喜一郎选择了汽车制造业。他到美国学习以后，回到日本名古屋试制，但他失败了。他分析了失败的原因是当时落后的工业无法制造引擎。为了突破这一难关，他开始自行设计引擎，并制造了出来。有了引擎，他开始制造汽车。从1933年到1936年，他造出了第一辆卡车和公共汽车。投放市场以后，由于耗油多、噪音大、速度慢，市场反应不佳。

面对失败，丰田喜一郎决定坚持下去。日本对外侵略战争开始以后，军队需要大量军用卡车。这为丰田喜一郎提供了机会，他开始生产军用卡车。1938年，美国年产350万辆汽车，日本只能生产几千辆。1945年日本无条件投降，战争结束，丰田

喜一郎只好停止生产军用卡车,当时日本经济不景气,民用汽车很难卖出去,丰田濒临破产边缘。

面对又一次的挫折,丰田喜一郎还是没有放弃自己的目标。直到1950年,朝鲜战争爆发,美国向日本购买卡车,丰田喜一郎才迎来了又一次兴旺的机遇。20世纪60年代,丰田开始试着进入美国市场。但刚一进入,就遭到惨败——皇冠轿车马力不足,根本无法在美国的高速公路上行驶。是否就此止步?是否就此放弃整个计划?丰田公司决定坚持。丰田喜一郎说,即使只有公司名称在美国登记也好,哪怕只卖出50辆或100辆,只要建立桥头堡就行。

这一坚持就是7年。丰田公司花了7年时间才推出第一辆在美国销售成功的汽车,现在,丰田已经走过了80年的历程。在漫长的岁月中,在任何一次需要坚持的时候,如果放弃了,就没有现在的丰田。

丰田的成功,源自对企业目标的坚持。从丰田喜一郎的身上我们可以看出,唯有坚忍不拔的决心才能战胜任何困难。一个有决心的人,任何人都会相信他,会对他给予全部的信任;一个有决心的人,到处都会获得别人的帮助。相反,那些做事三心二意,缺乏韧性和毅力的人,没有人愿意信任和支持他,因为大家都知道他做事不可靠,随时都会面临失败。

在职场上,许多人最终都没有成功,不是因为能力不够、诚心不足或者没有对成功的渴望,而是缺乏足够的耐心,总以为下一份工作会更好。这种人做事时往往虎头蛇尾、有始无终、草草了事,他们总是对自己目前的行为产生怀疑,永远都处在犹豫不决之中。有时候,他们看准了一项事业,但刚做到一半又觉得还是另一个职业更为妥当。他们时而信心百倍,时而又低落沮丧。这种人也许会在短时间内取得一些成就,但是,从长远来看,最终还将是一个失败者。

小荣是一家房地产公司的销售员。他刚进公司的时候,销售业绩排在倒数第一,但在短短的一年之后,就成了销售冠军。此后,小荣的销售业绩稳步增长,月月得冠军,年年得冠军。很多同事羡慕不已,向小荣取经,问他有什么秘诀。小荣从包里拿出一个黑色的笔记本,对同事说:“这就是我的秘诀。”同事翻开一看,里面密密麻麻地记载了小荣与客户打交道时所犯下的每一个错误,以及每一次犯错误后的心得。正是这样的一本笔记,成为小荣驰骋职场的重要法宝。

挫折和失败在人生的道路上不可避免。谁也不敢保证自己一辈子都不会犯错,如果有一天,当你犯错的时候,请记住:错误已经犯了,你需要做的是认识它,记住它,下次不要再犯。失败是一柄双刃剑,一方面,它让你陷入困境;而另一方面,它也促使你警醒。要善于从失败中思考和总结。如果你对自己的失败置之不理,那么失败对你来说仅仅就是一个失败,而不会成为经验和教训,这样的失败是没有价值的。总结失败是理性的回想,是从实践上升到理论的必经之路;思考失败是智慧的升华,是预见未知、开拓新空间的前提。只有善于分析失败,才能有所收获。不要让自己在同一个地方失败两次。

周晴正值班的时候,接到市中心一家医院的电话,说医院急需羊水,情况很危急。如果不能及时送到,正在被医治的三位孕妇就会有生命危险。羊水十分特殊,需要在低温的条件下保存,否则羊水会变质。知道这个消息后,周晴迅速查询了羊水的运送情况,得知羊水已经到了市中心附近,但因为没有现成的冰箱进行运输,羊水无法送到医院。知道这种情况后,周晴迅速赶到自己的家中,将自家的冰箱和备用的电源搬到了汽车上。

做好一系列的准备后,周晴马上开车将羊水运到医院。医院及时收到了羊水,三位妈妈和三个宝宝的生命也因此得以保全。医院的院长表扬了周晴,周晴笑着说:“我也高兴有人需要我,能这样做我觉得很骄傲。”

在企业发展的过程中,总会不可避免地遭遇到各种问题的困扰,企业迫切需要的是那种能及时解决问题的人才。只有像周晴这样的员工,才能在工作的困难面前表现出自己的坚定品质。相反,那些看到困难就“踢足球”“玩太极”的员工,总会在推诿、躲避的情况下,将事情弄得越来越糟糕,不仅浪费了很多的精力,还会错过为公司带来业绩的机会。

李开复曾在苹果公司工作,有一段时间,公司的业绩越来越

糟，职员们在困惑中越来越灰心，工作态度也渐渐消极起来。李开复经过细心调查发现：苹果公司确实是一个非常强大的公司，它有很多非常好的多媒体技术，但是遗憾的是没有用户界面设计领域专家的介入，这些复杂的技术无法成为方便，快捷的软件产品，用户用着不方便，自然就不会去买。于是，他写了一篇报告，把他发现的问题详细的报告了一遍，这引起了公司高层的注意，这份报告在多位副总裁之间传阅。最后，公司决定采纳这个建议，并且直接任命李开复为多媒体部门的总监。等到多年以后，李开复已经当上了公司的领导的时候，他的一位老上司还夸奖他："当年你的那个报告给公司带来了非常大的机遇！今天公司这么成功，你功不可没。"

在李开复刚进公司的时候，大家都把他当成是语音方面专家，李开复给了他们一个大大的惊喜，因为他不拘泥于自己的岗位，在出色完成自己的任务后，还要为公司解决难题。如果不是这种积极主动的精神，他不可能从一个小职员直接升到总监。

善于解决工作中的问题和困难，是一个人决胜职场的根本，更是一个企业保持旺盛竞争力的保障。企业永远对那些主动寻找方法挑战困难的员工格外垂青，这样的人才是企业的"福音"。工作中遇到林林总总的问题时，不要幻想逃避，更不要依赖他人，而要敢于面对和迎接。外界的挫折和困难无处不在，成功的机会与这些挫折和困难相随，你面临的最大问题既不是困难过于强大，也不是机会之神不眷顾，而是你自己的怯懦和退缩。

人生里，失败有时是难免的，有的失败是力有不逮，有些失败是阴错阳差，有些失败却是因为放弃。世界最容易的事是坚持，最难的事也是坚持。做任何事情都和比赛一样，成功与失败往往只是一步或半步之差，因而起决定作用的只是最后那一瞬间。所以，面对困难，要不抛弃，不放弃。只要找对方法，就有成功的希望。

7. 用业绩来检验自己，用结果来证明自己

当今时代，如何证明自己？答案就是业绩。业绩是一个企业行为的直接表现和最终结果。业绩是检验一切的标准。公司作为一个经营实体，必须靠利润维持发展，而发展便需要公司中的每个员工都贡献自己的力量和才智。公司是员工努力证明自己的业绩的战场，无论何时何地，如果你没有作出业绩，迟早是一枚被弃用的棋子。

凯特林女士之前是一位全职太太，因为先生车祸丧生，为了养活三个孩子才步入职场。刚做销售时，她对汽车和销售一窍不通，于是她边推销边学习专业知识，不断向别人请教，一年内阅读了大量的销售书籍，掌握了丰富的汽车和销售理论知识。通过学习，她学会了如何更多更好地进行电话预约、如何更好地向客户做介绍、如何应对不同意见以及如何让客户将她推荐给更多的人，学会了怎样应对客户对于价格的关注，还学会了用三十二种不同的方法结束买卖关系。每当她将自己学到的新技巧付诸实践时，她的业绩就会攀升，她就越发自信。经过短短四年的努力，她不仅收获了财富，还迅速从一名基层销售员成长为经验丰富的销售经理。

职场中那些成功人士的高明之处就在于，他们总会做出出色的业绩。李嘉诚在重用员工、提拔员工时，有个原则就是“让业绩来讲话”。这是以业绩论英雄的时代，这是以业绩作为标准来检验一切的时代。不管你在公司的地位如何，不管你长相如何，不管你的学历如何，你想在公司里成长、发展、实现自己的目标，都需要有业绩来保证实现你的梦想。只要你能创造业绩，不管在什么公司都能得到老板的器重，得到晋升的机会。因为你创造的业绩是公司发展的决定性条件。能创造业绩的员工是公司最

宝贵的财产。

杰克是一家纺织公司的销售代表，他对自己的销售纪录引以为豪。曾有一次，他向老板表白，自己是如何卖力工作，如何劝说服装制造商向公司订货等，可是，老板听后只是点点头，淡淡地表示认可。

杰克鼓足勇气："业务是销售纺织品，对不对？难道您不喜欢我的客户？"

"杰克，你把精力放在一个小小的制造商身上，值得吗？请把注意力盯在一次可订 3000 码货物的大客户身上！"老板直视着他，说道。

杰克明白了老板的意图——老板要的是为公司赚到大钱。于是杰克把手中较小的客户交给另一位经纪人，自己努力去找大客户——为公司带来巨大利润的客户。最后他做到了，为公司赚回了比原来多几十倍的利润。

在市场竞争如此激烈的今天，老板首先要考虑公司的生存与发展，高帽子戴着再舒服也比不上公司利润的增长。因此，老板心中分数最高的员工，一定是那些业绩斐然的员工。职业生涯起伏不定，难以捉摸，唯有调动自己的全部才智，以出色的业绩对老板产生吸引力，这样才能站稳脚跟，才能得到公司的承认，才能立于职场不败之地。

一个成功学家曾经聘用过两名年纪相仿的女孩当助手，结果却大不相同。这两个女孩的工作就是替他拆阅、分类信件，薪水与相关工作的人员相同。其中一个虽表现得很忠诚，但工作上却是一团糟，就连分内之事也不能做好，结果成功学家很快就解雇她了。

另外一个女孩不仅忠诚，而且聪明、勤奋，不仅把分内工作做得妥妥帖帖，还常常不计报酬地做一些并非自己分内的工作——有时看老板忙不过来会主动替老板给读者回信。她不是随便写写而已，还会一丝不苟地研究成功学家的语言风格，以至于这些回信和老板写得一样好，有时甚至更好。她一直坚持这样做，日久天长，老板自然就注意到这个冰雪聪明、能干的女孩，有一天，成功学家的秘书因故辞职，成功学家第一个就想到了这个女孩。后来，这位女孩优秀的能力引起了更多人的关注，其他公司纷纷提供更好的职位来挖墙脚。由于她比较忠诚，为了挽留她，成功学家也多次提高她的薪水，与开时工作时的薪水相比，女孩现在的薪水已经是当初的4倍。

在企业里，不管你学历是高是低，相貌是美是丑，能做出好业绩的就是好员工。物竞天择，适者生存，如今竞争如此激烈，只有和企业一起创造业绩，才能生存下来并得以发展。所以对员工来说，一切工作以业绩为导向。

不管是什么企业，都会让员工的薪酬与员工的业绩产生关联。业绩是企业的生命，你为公司创造越大的业绩，公司也会相应地给你越多薪酬。企业都把员工的业绩当做员工的重要素质标准之一。因为员工的业绩决定公司的利润和生存，企业没有业绩根本谈不上生存，就自然无法给员工提供具有前瞻性的职业发展空间。那些拿到诱人薪水的员工，都有着非常优秀的业绩。

第七章

与其跳槽，不如成为公司中不可替代的人

成绩是做出来的，不是“跳”出来的。频繁跳槽，实不足取。现实中有些人几乎是在不断地跳槽，而且往往跨行业跳槽，或者跨职位跳槽。这种跳法，十有八九到最后一事无成，一把年纪还要跟后辈去人才市场竞争。有句话叫“板凳要坐十年冷”，就是说要十年、几十年如一日地刻苦钻研、埋头工作，才能使自己不断提高、进步。如果终日见异思迁，这山望着那山高，心思不定，坐凳不热，怎么能提高自己呢？

1. 职场不相信眼泪，只以实力论英雄

在当今社会，企业都是以绩论功，以功论酬，不关注过程，只在乎结果，谁能为企业带来效益，谁就是英雄。巴纳姆先生的名言“没有利润，一切都是空谈”，无疑给所有人一个价值万金的忠告。这句话，无论对雄心勃勃的企业领导层，还是对基层的员工而言，都是极为适用和应该牢记的。追求业绩是每个公司的终极目标，没有哪个老板创立公司不是为了赢利。老板雇用员工不是要欣赏对方做事的过程，而是要他为公司创造业绩。

有这样一则故事：老农夫一直以来都是用牛和骡子一起耕地。由于耕作工作十分辛苦，年轻的小牛对老骡子说：“今天我们装病吧，休息休息。”

老骡子却答道：“不行呀，我们还是努力把工作做好吧！因为耕种的季节很短呀，做完了就可以好好休息了。”

但小牛不听，最后还是装病休息。为了小牛快点好，农夫给它弄来新鲜的草料和谷物，尽量让它舒服些。等老骡子耕种回来，小牛便向老骡子询问地里的情况。

老骡子回答道：“没有我们俩在一起时耕种得多，但也耕种了不小的一段距离。”

小牛又问老骡子：“主人说我什么没有？”

“没有。”老骡子回答。

过了几天，小牛又装病。当老骡子从田间回来时，小牛又问

老骡子："今天怎么样？"

"还不错，我认为，"老骡子答道，"但耕种得还不是太多。"小牛又问道："主人说我什么了？"

"啥也没有对我说。但是，他回来的路上却停下来和屠夫说了好长时间的话。"老骡子说道。

农夫养小牛的目的是耕地，小牛没有拿出耕地的业绩就要受到宰杀的命运。我们的工作也是如此。今天的社会，是一个高度竞争、充满机会与挑战的社会，是一个以业绩论英雄的社会。对企业和员工而言，业绩就是生命线。企业的最终目的是要创造利润，利润靠什么提供？当然是员工实力。只有员工实力才能创造利润，为企业的发展提供生生不息的动力。如果员工取得的业绩微乎其微，给企业创造的利润少之又少，或者不时地再给公司造成一些损失，那么再聪明的员工也会被淘汰出企业。

小赵每天都热情地工作，从一点一滴的小事做起，复印、传真、打电话、接电话等琐碎的事情从来都不嫌麻烦，有不懂的地方总是及时向别人请教。有一天早上，经理叫他去银行汇一笔钱给一个客户，他接到任务后马上带着准备好的对外付汇材料到了银行，认真检查了金额、日期、发票、合同，确信没有问题之后交付了。

没想到第二天中午，小赵就被经理叫到办公室。经理的脸色很难看，第一句话就问他："你给香港付款的账号写的是多少？"小赵马上意识到账号有可能出了问题，仔细对比后，他发现，因为账号是客户方面通过短信发给自己的，而他在把账号记下的时候，最后一个数字正好换行，他没有把短信继续翻下去，故而漏掉了最末尾的一个数字。后来通过多方面和银行沟通，才把这笔钱汇到了客户的账号上。由于资金没有及时到账，导致客户那边不能按时发货，损害了公司信誉，也造成很大的经济损失。小赵自然也受到了严惩。

职场不相信眼泪，只以实力论英雄。这是职场新人们学到的生存第一课。在市场经济的新时代，做任何事情都应该有一个好的结果。不仅要做事，更要做成事。人在职场，必须做出成绩来，靠实力证明自己。事实表明业绩斐然的员工，是最能得老板欢心的员工。如果你在工作的每一阶段，总能有出色的成绩，那么你不仅能提升自己在老板心目中的地位，还将有更多机会得到提拔。

在职场中，有实力的人才才能在职场竞争中胜出，做出业绩才是硬道理。在一个凭实力说话的年代中，讲究能者上庸者下，没有哪个老板愿意拿钱去养一些无用的闲人。

古罗马皇帝哈德良曾经碰到过这样一个问题：他手下有一位将军，跟随他长年征战。有一次，这位将军觉得他应该得到提升，便对皇帝说："我应该升到更重要的领导岗位，因为我的经验丰富，参加过 10 次重要战役。"

哈德良皇帝是一个对人才有着高明判断力的人，他并不认为这位将军有能力担任更高的职务。于是，他随意指着拴在周围的战驴说："亲爱的将军，好好看看这些驴子，它们至少参加过 20 次战役，可它们仍然是驴子。"

工作没有所谓的苦劳，只有功劳，一切靠业绩说话。一个员工，要想在公司里占有一席之地，就要对自己所从事的工作的价值有更深入的理解，只有认定自己工作的价值，为公司赚取更多的利润，才能在职场中稳操胜券。也就是说，能为公司赚钱的人，才是公司最需要的人。

职场中，只有付出大于得到，让老板真正看到你的能力和价值，你才有可能得到更多的机会创造更多的价值，同时你也找到了属于自己的最好位置。

陈清是一家大型建筑公司的设计师，常常要跑工地，看现场，还要经常修改方案细节，工作上是异常辛苦，但她毫无怨言。虽然她是设计部唯一的女性，但她仍然和男同事一样，事事不落人后，也从不逃避强体力的工作。

有一次，公司安排她为一名客户做一个可行性的设计方案，时间只有 3 天。接到这项艰巨的任务后，她都处于一种异常兴奋的状态，满脑子想的是如何把这个方案做好。她到处查资料，虚心向别人请教。虽然熬得眼睛布满了血丝，但她还是准时把设计方案圆满地完成了，并受到了公司的嘉奖。因为陈清做事

积极主动、工作认真,公司不但提升了她,还将她的薪水翻了一番。

企业靠什么生存?靠所有的员工卓越完成公司下达的任务,而不是靠大家轻松地谈谈天,喝喝咖啡之类的。如果你每月还能按时领到一定的薪水,一定不是因为别的什么,而是因为你完成了这个岗位规定的任务。

企业是根据一个员工的工作业绩来确定其工作价值的,并不是说得多、学历高,你得到的报酬就越多,而是要看员工个人所贡献出的最终劳动成果。"我能为公司做什么?"这应该是每一位员工从进公司那一刻就该明白的事情。你要主动、积极、创造性地把属于你的工作做出成绩,然后你将获得"公司能给我什么"的报酬。因此,职场是以实力论英雄的地方,有实力才能在职场生存。

2. 过硬的专业技能是你的核心竞争力

在职场,无论是企业还是个人的生存处境,均取决于其竞争力,即在应对变革与激烈的外部竞争时能否打败对手的能力。

一个企业,如果没有自己的拳头产品,就不能占据一定的市场份额,没有跟得上时代步伐的核心技术,必然难以生存下去,最终要走向灭亡。一个员工,如果没有自己的专长,没有老板需要的核心技能,没有公司需要的价值,不能跟上职场发展的需要,没有自己的风格和优势,则很容易被职场淘汰。道理都是相通的,关键是要以经营企业的心态来经营你自己。那么,什么才是一个人的核心竞争力呢?简单来说,一个员工的核心竞争力,就是指他相对于大多数员工的优势所在。

乔丹可谓是NBA最伟大的球员。乔丹在公牛队以及NBA联盟中的地位，无须多言。从1993年乔丹宣布退出篮坛，改行打棒球那一刻起，这种不可替代性就已凸显。一方面，公牛队群龙无首，成为一支弱队。另一方面，NBA比赛人气大减，收入损失惨重。但是1995年季后赛前，乔丹复出，公牛队又继续上演神话，完成第二个三连冠的霸业。有乔丹在，公牛队联合中心体育馆几乎场场爆满。随着公牛王朝的复兴，NBA赛场也出现了罕见的火爆场面。这还远不是全部。从1984年加入NBA开始，乔丹就成了NBA商业世界里重要的组成部分。在那一年，耐克公司宣布以250万美元购买乔丹5年的“穿鞋权”。当时的耐克公司，远没有今天这般“牛气”。在经营惨淡的形势下，耐克抛出堪称天价的代言费，请新人乔丹代言其产品，被视为是一次疯狂的赌博。然而，耐克赢了，仅仅一年后，耐克就奠定了运动品牌翘楚的地位。这些年来，仅从销售乔丹服装鞋帽上的盈利就高达数十亿美元。

1998年，美国《财富》杂志发表了一篇题为《乔丹效应》的文章，认为从1984年开始，乔丹一个人就为全球经济的发展贡献了100亿美元。到2003年，该文的作者又把这个数字修订为130亿美元。

“乔丹效应”不止发生在体育用品领域，麦当劳、可口可乐、雪佛莱汽车……这些品牌都因乔丹而赢利颇丰。公牛队所在的芝加哥城，也因乔丹而在旅游、纪念品市场上受益匪浅。再看看乔丹本人的收入。在为公牛队夺取第一个三连冠时，他的年薪是400万美元，与美国一个中型企业的老板挣得差不多。而到了1997～1998赛季，他的年薪是3314万美元，这一纪录在NBA多年无人超越。另外，与各路明星一样，乔丹的“副业”收入也相当可观，甚至超过了年薪收入。曾有媒体披露，乔丹的年收入突破过1亿美元。

但是，这些就能说明乔丹的身价吗？恐怕不能。乔丹的身价，已很难用金钱来衡量。有人说乔丹就是一部印钞机，其价值

是无限的，身价再高，别人都得埋单。这，就是不可替代的乔丹。

乔丹的成功就在于他不可替代的核心竞争力。这在职场中也是一样。只有那些有核心竞争力的员工的人，才可能找到理想的工作，成就非凡的人生。

一个人的核心竞争力离不开专业的技能。成功学大师拿破仑·希尔说："专业知识是这个社会帮助我们将化成黄金的重要渠道。"也就是说，如果你想获得更多的财富，就要学习和掌握与你所从事的行业相关的专业知识。不论如何，在你从事的行业里成为一等一的专才，只有这样你才能鹤立鸡群。

提起江苏常州黑牡丹(集团)有限股份公司的邓建军，纺织行业的人都知道，他有不少绝活，不论是国产的还是进口的设备，他都能捣鼓，哪怕是老外为了技术保密而不给图纸的专用设备电路板，也不在话下。

邓建军参加工作时只有中专文化，作为普普通通的一线工人，放在哪里也不显眼。是什么让邓建军在一个普普通通的岗位上，获得如此多的荣誉呢？这得益于他在平凡的岗位上做出了令人刮目相看的成绩。正因为岗位平凡，正因为困难重重，恰恰激发了邓建军不甘人后、为国争光的志气，激发了争当知识型员工的决心。这种志气和决心，催生了邓建军不断学习新知识、钻研新技术的持久动力，使他成长为专家型的蓝领精英，也帮助企业成为世界色织行业的领跑者。

在邓建军刚参加工作的那几年是中国纺织企业告别传统"金梭银梭"的年代，国内企业特别缺少机电一体化的技术工人。黑牡丹公司第一次引进国外纺纱设备时，外籍技师来厂安装调试，当邓建军遇到问题，向老外索要操作手册，对方竟不屑一顾，连说几个"NO"！洋技师轻蔑的眼神深深刺痛了年轻的邓建军。从此，邓建军憋足了一股劲，特别注意跟踪国际纺织机械的最新技术，从中获取各种技术信息。凭着自己的努力，邓建军最终成长为新时代的技术工人。有一次，黑牡丹公司有一批进口剑杆织机急需改造，邓建军兴冲冲地接下了任务，但现场看过以后，心底不禁冒出一股凉气。几十台机器的各种电气线路如一团乱麻,图纸不知去向。一块线路板有2000多个点需要一一测试、分析、测算,要想改造这些进口货,任务十分艰巨。他一咬牙,从最基本的制图工作开始做起,每天蹲在机器边14个小时以上。经过他的一番努力,这些机器终于改造好了,为企业节省了大笔的费用。

在工作中,邓建军一直努力为企业创造效益,把为企业创造效益当做自己义不容辞的责任。2002年8月,新产品"竹节牛仔布"在黑牡丹公司遇到生产告急,如不能按期交货,公司不仅会丢掉400万美元的订单加付违约金,还要将市场拱手让人。邓建军带着科研小组连续奋战15个昼夜,自行设计安装了4台分经机,成本仅为进口设备的1/8,保证了公司按时交货。客户满意之余,又续签了数百万美元的新订单。10多年间,邓建军共解决了重大技术难题23个,参与技改项目400多个,独立完成的项目达138个。当今世界纺织行业公认的可用于色织行业的18项最新技术,黑牡丹公司已成功运用15项,远远高于国内外同行。

邓建军的成功来自其卓越的专业技能。在工作中,专业技能就是和别人相比你擅长什么?每一个成功人士都有很特别、很高超的专业知识:李嘉诚是地产高手,邵逸夫对电影了如指掌,包玉刚是航运百科全书,而霍英东除精通地产之外,更对政治沟通有独到的领悟。专业技能是一种职业精神,它不仅仅是对于一个职业的忠诚,而是一种职业使命与敬畏。专业技能是创造的出发点,是成就高端价值的依托。最优秀的产品来自最专业的公司,最辉煌的业绩出自最专业的人员。可口可乐把碳酸饮料做到极致,但不是在所有饮料领域。聂卫平下围棋成为棋圣,却不是在所有棋类领域。

职场专家表示,社会固然需要一定的复合型和通用型的人才,但社会经济的健康发展是由那些专业人才来维系着的。世界著名企业之所以能够不断发明出获得专利的新型产品,就与他们拥有大量的各行各业的高、精、尖专业人才有关。成为一个专业领域的专家,你的专业技能越强,在

这个领域的不可替代性就越高。

竞争激烈的市场中，每个企业都有自己的核心竞争力，所以才能在大浪淘沙、优胜劣汰的竞争环境中取胜。同样，作为一名员工，也应该有打造自己核心竞争力的心态。

3. 没有“金刚钻”，别揽“跳槽活”

俗话说：“没有金刚钻不揽瓷器活。”作为员工，我们在刚刚上班的时候，自己的“金刚钻”肯定还没有磨炼好，这需要我们在职业生涯中专注地努力，方能磨出削铁如泥的“金刚钻”。那么，我们应该磨炼一个什么样的“金刚钻”呢？毫无疑问，“金刚钻”的方向应该是对照企业的“瓷器活”来磨炼。这就要求我们重新审视自己的职业生涯目标，看看自己的目标是否与企业的短期发展规划相适合，是否与企业的长期发展战略相适合，是否与企业的人力资源发展战略相一致。

职场专家告诫跳槽者，别以为下一份工作会更好，工作能力的培养都要经过一个相对长的时间才能真正掌握，如果经常跳槽转行，往往容易成为万金油，即什么都会一点，但什么都不精通、不专业，这样哪家公司也无法用你。

一则寓言中，有一次猫和狐狸因谁有本领展开激烈的争吵。狐狸说自己满脑子都是锦囊妙计，猫却认为自己只要会爬树就行了。它们吵得不可开交时，一群猎狗闻声而来。猫纵身跳上了树，狐狸想了上百条计策却一条也用不上。情急之中，它接连不断地钻进一个又一个洞穴中，企图逃脱这群猎狗的追咬。猎人发现后，开始放烟雾了。最后，狐狸实在受不了了，冒险钻出了地面。猎狗蜂拥而上,咬死了满脑子都是锦囊妙计的狐狸。

这则故事告诉人的精力是有限的,那些试图在各个方面都做得优秀的人注定是不成功的,博而不专的"人才"永远不受欢迎,所谓艺多不养家就是这个道理。即使在同一个领域,样样精通的可能性也不大。两个人在从事同一个工作的时候,如果你能做得更好,那么,就永远也不用担心你会被淘汰。

在工作中,每个人最大的成长空间在于其最终的优势领域。人的精力毕竟是有限的,好钢应该用在刀刃上。一个人能将本身具有的气质潜能或者特性发挥到极致,一定会取得巨大的成功。比如说,鸟的长处是飞翔,鱼的长处是游泳。在动物世界中,鸭子也会游泳,能潜两米多深,但比不上最傻的鱼;有的鱼也会飞,能飞三尺多高,但是飞得再高的鱼也比不上一只菜鸟。所以,爱克斯在《豺狼的微笑》一书中说:"认识自己,实践自己,即是天堂;不认识自己,想扮演别人,即是地狱。"也就是说,如果你是个左撇子,你就应该提升和发挥你左手的优势,从事能使左手大显身手的职业和工作,而不是拼命提高右手的行动能力。

在工作中,人贵有自知之明,正确认识自己真实的能力,是决定职业成败的关键。能力足够,机会来了一定要勇于抓住;能力不够,就不要强出头。因此,如果你是工作方面的行家里手,精通自己的全部业务,就能赢得良好的声誉,也就拥有了一种潜在成功的秘密武器。

巴黎一家五星级大酒店有个小厨师,长得并不英俊,憨憨的,谁都可以说他两句,他都照单全收。他没有什么特别的长处,做不出什么上得大场面的菜,所以他在厨房里只当下手。但是他会做一道非常特别的甜点。两只苹果的果肉都放进一只苹果中,那只苹果就显得特别丰满,可是外表上看,一点儿也看不出是两只苹果拼起来的,像是天生的。同时果核也被他巧妙地去掉了,吃起来特别香甜。

这道甜点被一位长期包住酒店的贵妇人发现,她品尝后,十分欣赏。并特意约见了做这道甜点的小厨师。贵妇人虽然长期包了一套最昂贵的套房,一年中也只有不到一个月的时间在这里度过,但是,她每次到这里来,都会指名点那道小厨师做的

甜点。

酒店里年年都要裁去一定比例的员工，经济低迷的时候，裁员的规模会更大。不起眼的小厨师却年年风平浪静，就像有特别硬的后台和背景。后来，酒店的总裁告诉小厨师，那位贵妇人是他们最重要的客人，而他是酒店里不可或缺的人。

一个人的职场生涯占据了人生的大部分时间，在日益激烈的社会竞争中，工作往往成为了人们生存与发展的重要途径。而要想让自己成为企业不可或缺的人才，你就必须努力成为与你的行业一起与时俱进、具有独到工作技能的员工。

也许每个人都曾为这样一个问题而困扰过："我的能力一点都不比别人差，但是为什么我的成就却远不及他人呢？"你不用疑惑，不用抱怨，其实很简单，只要好好分析一下，答案自然水落石出，你可以问自己："我在自己的领域中是最优秀的吗？我仔细钻研过自己的领域吗？我为老板创造了多少价值呢？我认真阅读过专业方面的书籍吗？……"这些问题的答案也许能告诉你无法取得成就的原因。

很多人能力也有，态度也有，就是不能出类拔萃，受到老板的重用，这就是因为相比于其他受到重用的人才，你少了一点专长，或者你的专长不够突出，无法技压一大片，杀出同事的重围。所以，你最重要的就是精通你的专业。当你成为那个领域的专家时，你就具备了成功的基石。

高晴所在的销售部有10个员工，其中刚毕业没多长时间的高晴，总觉得自己的才华无法发挥出来，领导有什么重要任务，总会分给那些老员工。高晴总是心怀不满，到处抱怨。领导听到这个消息后，就找高晴谈了一次话，他问高晴："如果你是老板，你会把重任交给谁呢？"高晴不由自主地就说："我当然会把重任交给那些有能力获得好业绩的员工。"领导话锋一转说："那你以后是继续怀才不遇地抱怨呢，还是愿意在工作上做出点成绩呢？"

机会终于来了。一次，一个大客户来到公司参观，如果这个大客户能签下长期供货合同，公司至少半年内就不用担心无生意可做。但是，这些参观者中的重要决策人都是韩国人，不懂得汉语和英语,这让销售部的几个员工不知所措,而且场面越来越尴尬。这时,高晴告诉领导自己精通韩语,可以同他们自如地交谈。于是,高晴用熟练的韩语向客人介绍了公司的情况。她凭借熟练的韩语、丰富的谈判技巧和对业务的深入了解,终于顺利地签下了这笔大单。领导对此赞赏不已,并很快提拔了高晴。

从高晴的例子,我们可以看出工作还是凭真本事、硬实力的。只有能力才能表现出一个员工自身的价值。如果你是销售人员,你就要卖出更多的产品;如果你是做人力资源的,你就要有能力协调公司员工之间的关系,招聘与维系优秀的人才,做一个能胜任的伯乐;如果你是做技术的,你就要肯钻研,成为专家。

无论你目前从事哪一项工作,不要总想着跳槽会更好,而要使自己多掌握一些必要的工作技能。一步一个脚印地去做,把自己训练成一个适合你期望职位的人,这样你才能越升越高。掌握必要的工作技能,让自己胜任这个职位。

30年前,于志远是一名普通得不能再普通的搓澡工,那时候"保健按摩"行业还停留在原始阶段(如今已是拥有巨大市场的健康产业)。小时候贫困的家境、困窘的生活给他留下了心酸的记忆,成就一番事业的梦想早就在这个年轻人的心中埋下了种子。

刚干这一行的时候,他觉得工作卑微,没什么前途,一度懈怠。有领导看到后跟他说:"你这样可不好,不安心工作。"这样的批评和挖苦激发了于志远的好胜心,他对自己说:"好吧,我就是要在这个人人看不起的搓澡工的岗位上干出个样儿来。"

从此,他成了浴池最勤快和最用心的工人。他苦练技术,成了技艺精湛的保健按摩师。当时中国保健按摩行业缺乏技术标准,针对这一状况,他还编写了保健按摩的专著,填补了国内空白。就这样,他从身份卑微、一度对前途充满憧憬却也有迷茫的搓澡工成了中国保健按摩职业的开创者、第一套保健按摩手法的创立者、我国保健按摩行业第一版国家行业标准的编写者、《按摩师》教材以及从业资格考试试题的编写者。

现在的于志远已经成功经营起广受欢迎的保健按摩店，并且一直都坚持在一线工作，工作给他满足感也给他成就感，让他能感受到更纯粹、更强烈的“工作的乐趣”。

社会上许多知名的企业家和优秀的职场精英，他们也许没有上过大学，却作出了非凡的贡献，甚至取得了超出常人的成就。原因何在？就在于他们在工作中肯学习，肯钻研。对他们来说，每一个工作岗位就是大学，每一个工作岗位都是学习的良好机会，每一个工作岗位都是自己获得不断进步的支点。

在这个世界上，无论从事什么职业，都应该精通它。有独到的“金刚钻”才能干好工作。如果你对自己的工作没有做好充分的准备，又怎能因自己的失败而责怪他人、责怪社会呢？

4. 终身学习，把自己训练成职场千里马

在职场上，很多员工都以千里马自居，认为自己理所当然地应该享受千里马的待遇。我们不妨扪心自问一下，自己是否是千里马？仔细地反思一下，想明白了，内心才会平静下来。不要总认为千里马是天生的，其实职场上的很多千里马都是刻苦锻炼出来的。要想成为真正的千里马，只有通过不断地学习才能做到。

美国《财富》杂志曾经指出：“未来最成功的公司，将是那些基于学习型组织的公司，因为你唯一持久的竞争优势，或许是具备比你的竞争对手学习得更快的能力。”学习使人进步，满足使人后退。不管什么时候都不要忘了学习，只有通过不断的学习，不断地更新自己的知识层，抛旧迎新，你才能不断提升，从而达到更高的层次。

老高是80年代毕业的老牌大学生，大学学的专业是政治经济学。毕业后被分配到一家专科学校任教，但是当时的教师收入微薄，老高不得不下海经商。当时正值改革开放时期，经过几年的打拼，老高在金融行业干得风生水起，联系客户，开展业务，老高在工作中生活圈子扩大了，收入也成倍地增长，居住、生活条件大为改善。

干了10年之后，老高发现自己越来越边缘化，因为自己是文科生，对于金融领域的数学模型、数据分析等方面知识欠缺，使他很难在金融行业中深入发展。于是他想到了继续学习，重新走上讲台。但是他已经是四十出头的人了，几乎所有的人都劝他，不要再折腾了。

但是老高没有被吓退，他报考了经济师，经过两年的准备，他终于获得了中级职称，又获得了行业内认可的高级经济师资格。经过这一番充电之后，老高去应聘某高校的财经课程讲师。面对清一色的年轻硕士、博士毕业生，老高凭借自己10多年金融单位的工作经历，精心准备的教案，做了一次试讲。试讲中，他突出了自己贴近实际的特长，展现了对企业经营的难点问题、企业财务管理的核心问题、企业的融资业务等问题认识深刻的优势，符合该大学的教改思路，使他再度进入校门，顺利成为一名大学讲师。

今天的职场，我们很难说自己就固定哪个工作和岗位上，变换工作、变换岗位，是经常发生的事情。所以，我们要尽快地适应新工作、新岗位的需要。在这时，你的学习能力就显得非常重要。在这个知识经济的时代，学习已经突破了学校的限制，变成了终生的事情。作为一名员工，如果没有一定的学习能力，靠我们参加工作前的一点“存货”，很快就会无法适应工作的需要。比如很多人都会发现大学毕业后的两年，同学们聚到一起，大家的变化还不算很大。等到五年后再聚到一起时，每个人都有相当大的变化：善于学习新知识的人能够很好地适应工作、适应社会，而只会抱着学校里学来的知识、不思进取的人就会有落后的感觉。

亨利·瑞蒙德最初在做美国《论坛报》的责任编辑时，一星

期只能赚到微薄的 6 美元，但他仍然坚持每天平均工作 13 至 14 个小时，往往整个办公室的人都走了，只有他一个人在工作。

“为了获得成功的机会，我必须比其他人更踏实地工作。”他在日记中这样写道，“当我的伙伴们在剧院时，我必须在房间里；当他们熟睡时，我必须在学习。”终于，经过每天坚持不断地学习累积，他坐到了美国《时代周刊》总编的位置。

有一个著名的理论，叫做“短板理论”。一只木桶的容水量，不取决于木桶中最长的木板，纵然那最长的一块是其他的几倍，其容水量也不会因它而改变。起关键作用的是最短的那块木板。要使木桶能装更多的水，就要设法改变最短木板的长度。人何尝不是如此，一个小缺点或不足也许就会葬送你的事业乃至一生。有些人自以为只要自己拥有一块“长木板”就能高枕无忧，从未想过要补一补自己最短的那一块“木板”。然而，无论是人生之路，还是职场之路，总是难免会遇到一些自己不太熟悉或是根本就弄不明白的地方，这些，就是你人生中的“短木板”，你需要不断学习来增加它的长度，这样才能使你人生的木桶能容纳更多的智慧之水。否则，你的不足就会成为工作上的短板，造成失败。

全国劳动模范窦铁成只有初中学历，但他凭着自己的努力，最终成长为“企业的王牌员工”，被认为是现代产业工人的楷模。在铁路电气和变配电施工的技术方面，窦铁成被称为“问题终端解决机”。许多问题，他不需要去现场，只要听人讲解大概情况，就能很快找出“症结”所在。

1979 年，23 岁的窦铁成没有参加高考却通过了中铁一局的招工考试。窦铁成回忆说，那个年代，百废待举，人人憋足了劲要干出点什么来，而我当年从陕西蒲城农村出来时，只带着妻子的定情信物——一条手绢和长辈的“干一行，爱一行，通一行”的重重叮嘱走上了工作岗位。

窦铁成能练成这样“出神入化”的技术本领，与他的干一行，爱一行，通一行的努力与刻苦是分不开的。窦铁成坚信一个人可以没有文凭，但不能没有知识和技能，参加工作后不久，窦铁成买来《高等数学》、《电工学》、《电磁学》、《电子技术》、《电机学》

等书籍，开始了艰难的自学。60多本、百余万字的工作学习日记是他孜孜不倦学习的见证。从一个普通的电工成长为高级技师，其间付出多少努力，也许只有窦铁成个人才清楚。

1983年，27岁的窦铁成成为中铁一局最年轻的工程负责人。是年，他作为施工队长承担了国家重点工程京秦铁路沱子头变电所的施工任务。这是他接触的第一个大型变配电所，谈起25年前的这个工程，窦铁成仍然感觉压力大，信心不足，他说当时唯一的想法就是全力去拼，不能辜负领导的信任，结果是付出的最多，学的东西也最多。白天他和大家一起开沟敷线，到了晚上，他就把自己关在狭窄湿热的调压器室内，一张张图纸、一条条线路、一个个节点分析，仔细研究电缆怎么走、设备如何安装。凭着永不言败的精神和一股倔劲，窦铁成把七套不同技术的图纸弄得明明白白。后来，工程顺利验收并获得了国家优质工程银质奖。此后，他带领工友们先后负责安装的37个铁路变配电所，全部一次验收合格，一次送电成功，获得了国家级优质工程、铁道部优质工程奖、中国中铁优质工程奖、中国建筑工程鲁班奖等十多个奖项。

2006年7月，窦铁成参加浙赣铁路板杉铺牵引变电所施工工程。这个变电所是浙赣铁路规模最大、技术含量最高的变电所。施工过程中，变电所的变压器引入导线设计要求为铜板双导线，但国内没有这种产品，交工日期已经逼近，大家把目光投向了老窦。连续5个晚上，他在宿舍写写算算，反复推敲。5天后，“简化结构，保证功能”的产品加工方案出炉：利用现场既有的铜排、铜螺栓等材料，加工制作出符合技术和功能要求的全铜间隔棒，完全达到技术指标。后来，该技术在900多公里的浙赣线电气化改造工程中迅速推广，大大节约了成本。由他负责安装的45个铁路变配电所，全部一次性验收通过，一次送电成功，获得“优质工程”称号。

参加工作30年间，他提出实施设计变更、解决技术难题、排除送电运行故障，为企业挽回经济损失及节约成本1300多万元。

从一名只有初中文化的农村青年，成长为给企业创造上千万元效益的电力专家，窦铁成以30年的不懈努力，实现了人生的跨越。

想获取更高的薪水和职位，就得有更丰富的知识、更高超的技能作为支撑。于是，充电成了员工们的必修课。“知识改变命运”的道理在职场已深入人心。不过，职场充电同样不可盲目，找准定位最重要。认真分析一下自己所在的领域对人才有什么样的标准和要求，诸如学历、工作经验、专业背景等，然后按市场要求调整自己充电方向和方式才能更利于自身的发展。此外，充电一定要选择能使自身价值得到提升的专业或项目，千万不要仅仅为了一张文凭而去学习。

关于职场充电，专家建议，可以通过以下几种方式进行：第一，短期培训。你可以参加一些短期的职业培训班、证书培训班等，这样既花不了你多少时间，也能增加你工作时的含金量。第二，获取高文凭。如果你想去好的企业，那么高的文凭就是你的敲门砖。因为你的文凭表示你在相应的领域中是怎样的位置，像目前，中国人才市场比较看中以下几种资格：高学历、海外学位、国际资格认证。但是你要想获得这种高文凭，你得经过系统的学习，这不是你经过培训就能拿到的。第三，参加国际资格认证考试。这种充电的前提是你要具备丰富的资历，当你还是一个刚走上职场的毕业生来讲，这种充电方式就不适合你了。当你具有了丰富的资历之后，在备考的过程中，你就能在职业水准方面获得很大的提高。如果你的条件允许的话，你还可以去攻读海外学位。

5. 勇于创新，做公司发展的领头羊

工作需要创新精神。创新精神是一个国家和民族发展的不竭动力，

也是一个职业人应该具备的素质。可以这样说，人类社会从低级到高级、从简单到复杂、从原始到现代的进化历程，就是一个不断创新的过程。

在职场中，创新不需要天才，创新需要的是敢想敢做的魄力。只有勇敢才能创新，只有主动才有创新！这就要求每一位公司员工树立强烈的责任感，要有一种不满足现状的进取精神，敢于创新，善于创新，在创新中得到升华，实现超越。一些人人称羡的发明家、企业家，和一般人最不一样的地方在于，他们勇于创新，创新让他们的人生和事业有了新的发展契机。

1492 年 10 月，探险家哥伦布发现了美洲新大陆。1493 年初，哥伦布回到西班牙，受到国民的热烈欢迎，国王在王宫里也设宴盛情款待他。可是，哥伦布所受到的关注以及他巨大的声望令一些王公大臣和贵族的心中产生了嫉妒之情。宴会上，有人对哥伦布说："你发现了新大陆，可我看不出这有什么值得大惊小怪的。任何一个人都可以去发现，这是再简单不过的事了。"

哥伦布听罢，并没有说什么，起身取来一个鸡蛋，对在座的人说："先生们，你们当中有谁能够把这个鸡蛋立起来？"

在场的很多人都试图把鸡蛋立起来，可是他们谁也没能做到这一点。这时，哥伦布把鸡蛋接过来，轻轻一磕，于是鸡蛋就稳稳地竖立在餐桌上了。接着，他以极平静的语调说："先生们，这是再简单不过的了！任何人都可以做到——只是在有人做了以后。"

创新意味着改变，所谓推陈出新、气象万新、焕然一新，无不是诉说着一个"变"字。可见，在工作中创新是生产力发展的源泉。对于员工来说，一个好创意可能并不需要你拥有高深的学问，也无需丰富的市场经验，只要你多动脑筋，多想想处理的方法既可。

小娟是一家青年报社的科学版的编辑，她本职工作兢兢业业，都能很好地完成。然而，报社里人才济济，她发现即使再努力地工作，也难以取得更为突出的成绩而被领导赏识，于是很是苦恼。一天，在处理读者来信时，她发现有不少青年读者，当在

工作和生活中遇到了问题时，却没有地方表达和交流。于是她建议报社开办一条专门针对青年人的心理热线。

这个点子比较新鲜，但是在报社里反应平平。多数人认为自己的工作主要是写作和发表新闻稿件，干这样的事有点浪费时间，但领导还是同意了她的想法。热线很快开通了，由于当时学校教育很少关注青少年的心理，家长与孩子之间由于年龄与受教育程度不同广泛存在代沟，这个热线一开通就在社会上引起极大的反响，热线电话几乎要被打爆了。众多青少年的心声，通过一条普通的电话线汇集到了一起，也为小娟提供了很多十分新颖、十分发人深省的素材。

后来，报社顺应读者要求在报纸上开辟了一个新的版面，名叫《青春热线》，每周以 4 个整版的篇幅反映这些读者的心声。《青春热线》逐渐成了该报社最受欢迎的栏目，小娟也获得了新闻界的许多奖项。

创新的本质是突破，即突破旧的思维定势，旧的常规戒律。在工作中，创新是一种勇于抛弃旧思想旧事物、创立新思想新事物的精神。创新精神就是不墨守成规，敢于打破原有框框，探索新的规律，新的方法。因此，你的眼界要开阔，要能从方方面面去思考解决问题的方法，而成功往往就蕴涵在其中。

作为一名员工，要想有所创新，首先要勇敢地打破自己固有的思维定式。在飞机发明之前，飞翔对大多数人来说只是一个“不可能实现”的梦想；在网络问世之前，几乎所有的人都认为地球村是“不可能”实现的。试想，如果所有的人都固守着这些“不可能”，那么这些东西今天就都不会出现在我们的生活中。正因为有人相信可以攻克这些“不可能”，并为此付出了孜孜不倦的努力，才把这些“不可能”转化成了“可能”。

有一个年轻人非常聪明，大学毕业后他没去任何公司，而是决定自己创业，当时他没多少钱，况且都毕业了，更不好意思和家里伸手，算是白手起家。但他凭借着灵活的头脑，在短短几年内，就建成了自己的公司，而且发展稳定，运行良好。他是怎样赚到自己人生的第一桶金的呢？

在开始的那一年，他几乎都在马不停蹄地找商机，灵感源于汗水这句话一点儿也不错，他终于打听到一个刚成立的厂子，制造了一大批收银机，厂长正在因为市场销售问题烦恼，他马上找到那个厂长，对他说："如果你愿意向我购买电子原料，我就订购你一批收银机。"老板一听，电子原料自己本身也用得上，而且自己正在为这一堆库存发愁呢，有人买，何乐而不为呢。接着，他迅速跑到一家在不断建分店的超市，对一位部门经理说："如果你愿意买我的收银机，我就长期和您订购饮料和矿泉水！"部门经理一听，可以啊，反正自己新开的超市也必须得用收银机！这买卖好，于是这位部门经理订购了一大批收银机。年轻人又跑到一家大型电子原料供应厂，找到负责人说："如果您能让我在这里销售饮料，我就向您订购一批电子原料。老板一听，让工厂里的人从外面买饮料改成到里面买饮料，用这个机会居然可以卖一批产品，这可真不错！"于是负责人点头答应了。

于是年轻人把电子原料卖给制造收银机的厂子，又把收银机卖到超市，垄断了电子原料厂的饮料零售市场。一箭多雕，不仅从几次"倒卖"中赚了一大笔钱，而且通过这次合作建立起了自己的事业根基。现在他的公司已经涉及电子产品、食品等，并且靠着不断地创新，公司业务也越来越多，从最初自己的单打独斗到现在手下已有一百多名员工。让人不得不佩服他那善于创新的头脑。

这个故事的启迪我们：工作中创新无处不在！其实，勇于创新并不需要智商有多高。如果你以为那些成功创新的人一定都是绝顶聪明的人，那你就错了。事实上，大部分的事业突破，都是一般人在现有心智模式下产生的。最重要的是你有没有那样的胆量去想去做。一个人要想成功，就必须成为创新人才，而创造性思维是创新人才最基础的素质。所以，这样的一把成功金钥匙，我们一定要用心地握在手上！

6. 全心投入，凭实力求生存谋发展

成功偏爱全心投入，把工作当成事业的人。在我们的生活中，工作占我们一天的大半时间，是我们人生的重要组成部分，也是自己一生的事业！无论你从事什么工作，都要全心的投入，千万不要当一天和尚撞一天钟。工作松松散散的人，不论在什么领域，都不会取得真正的成功。要成功、要做出骄人的成绩，要成就事业、创造财富，就必须在工作中使出全部力量，尽最大努力把事情做好。

有两位年轻人毕业于同一所大学，拿着同样的学位，同时进入了一个单位，做着同样的工作。三年后，他成了办公室副主任，已是"处级"干部。她呢？已于一年前被"末位"淘汰了。为什么相同的起点，却有截然不同的结局呢？原来，他自从进入单位的第一天起，就精神抖擞，一心扑在工作上，无论是本职工作还是领导交代的任务，也无论有多难多累，他都总是能做到尽可能的好，哪怕为此牺牲所有的休息时间也在所不惜，加班加点几乎成了他的家常便饭，但他从无怨言。而且，为了提高工作技能，他还自己掏钱利用业余时间读了一个职业培训班。

反观她呢？早上 8 点上班，她的打卡时间始终"稳定在"在 7：55—7：59 之间，下午 5 点下班，4 点半她已经把办公桌收拾得很"利索"，也早就和朋友约好了"夜生活"的场所。工作虽没有大的过错，却也从未出色过。偶尔碰上加班，总是牢骚满腹。最爱说的一句话就是："那么卖命干吗？我又不想在这儿干一辈子……"据说，她临走时领导对她的评价是："能力不错，干劲毫无；不被淘汰，'天理'难容。"

有一位退休的老员工告诫他刚参加工作的儿子说："无论未来你从事

何种工作,一定要首先对工作投入,而且要全身心投入。能做到这一点,就不会为自己的前途操心。世界上到处是散漫粗心、三心二意的人,那些心无旁骛、全身心投入工作的人始终是不用愁没有工作的。"这位老员工无疑是睿智的。他的话鲜明地揭示了一个放之四海而皆准的真理,也就是要强调的主题——一个人无论身居何处,无论从事何种职业,都要首先全身心投入其中,尽自己最大的努力,求得不断地进步。这不仅是工作的准则,也是人生的准则。那些在人生中取得过成就的人,一定在某一特定领域全身心投入过。

"一分耕耘一分收获",如果你想让生活、工作赐予你什么,你必须得先付出、先投入。成功是依靠自己的努力一步步走出来的,所有成功者取得的成就并非来自上天的特别恩赐,而是来自于他们比别人付出了更艰辛的努力,投入了比别人更多的心血与汗水。

全身心投入能够创造奇迹。在成功的道路上,我们从不缺乏成功的经验、方法和秘诀,缺乏的是全身心地投入去做的精神。爱默生说:"一个人,当他全身心地投入到自己的工作之中,并取得成绩时,他将是快乐而放松的。但是,如果情况相反的话,他的生活则平淡无奇,且有可能不得安宁。"把工作当成自己的事业,全身心地投入其中,这是真实的人生,同时也是成功的人生。

在职场中,很多人认为自己的工作太过简单,根本不值得自己全心投入,更不必花费太多精力。于是他们一边抱怨没有机会,抱怨上司不赏识自己的才华,敷衍工作,只求做到差不多、说得过去、上司挑不出毛病来就行了。殊不知,这种"差不多"的思想导致的最终工作结果却是"差很多"。

这里有一组数据,也许会让差不多的支持者大吃一惊。如果99.9%就算够好了的话,那么,在美国——

每年会有11.45万双不成对的鞋被船运走;

每年会有200万份文件被美国国家税务局弄丢;

每年会有250万本书的封面被装错;

每年会有2万个处方被误开;

每年将有550万瓶饮料质量不合格;

每天将有3056份《华尔街日报》内容残缺不全;

每天会有12个新生儿被错交到其他婴儿的父母手中；

每天会有2架飞机在降落到芝加哥奥哈牡机场时，安全得不到保障；

每小时会有1822份邮件投递错误……

全心投入对于工作有一个基本原则：能完成100%的，就绝不只做99.9%。在企业竞争理念不断变化的今天，差不多是不行的，只有力求完美才是制胜之道。一位管理专家一针见血地指出，从手中溜走1%的不合格，到用户手中就是100%的不合格。工作中一个小小的疏忽和失误，就会造成产品和服务上的缺陷，每一个缺陷都会影响企业在顾客心目中的形象和地位，给企业带来难以估量的损失。对于任何一个小小的失误，我们都要将它视为大问题，并将其化解。只有将1%的失误化解掉，才能保证100%的结果。

因此，你在工作中所抱的态度，使你的工作与周围人的工作区别开来。人本来是有很多潜能的，但是我们往往会对自己或对别人找借口："管它呢，我们已尽力而为了。"事实上尽力而为是远远不够的，尤其是在这个竞争激烈的年代，每一个员工都要全心投入，才能做好工作。

著名的人力资源专家翁静玉用自己的经历这样告诫职场中人：二十几年前，我刚从日本念研究生回来.通过青辅会的介绍，进入某银行工作，担任办事员，期间的同事中，有我的大学同学。他是念美国研究生的，职级却比我高一级，编制上就是我的主管。同样都是研究生毕业，而且他念的是美国三流大学，我念的是日本一流大学，一样是硕士学位，待遇却不相同。尽管如此，我并没有因为待遇不如人就心生不满，仍是全心全意工作。在机关，许多人都是抱着多做多错、少做少错、不做不错的公务员心态。我虽然是职级最低的办事员，可是交到我手中的事情，我一定尽心尽力做到最好。此外，我也会积极主动找事做，了解主管有什么需要协助的地方，事先帮主管做好准备。这样的工作态度使我被当时的上司注意到了。后来，上司调去另一家银行时，带去的随从人员中我是唯一的办事员。这是很罕见的现象，因为通常都是一些主管跟随过去。这样几年后，我获得了很大

的收获。

这个故事告诉我们,没有全心投入,就不会有完美的结果。获得成功的方法只有一个,这就是以全心投入来要求自己。许多员工做事只求差不多,尽管从表现上看来,他们也很努力、很敬业,结果却总是无法令人满意。解决了旧问题,又产生了新问题,在一团忙乱中造成了新的工作错误,结果是,轻则自己不得不手忙脚乱地改错,浪费大量的时间和精力,重则返工检讨,给公司造成经济损失或形象损失。只有以全心投入来要求自己,才能锻造一个人的品格,充分地发展他的特性,除此之外,别无他法。

第八章

与公司一起成长，做个跳槽终结者

有的人频繁跳槽，美其名曰“寻找适合自己的平台”，其实这个世界上很难存在为你量身定做的平台，更多的时候，成功的职场人士都是在一定的基础上和公司共同打造这个平台。公司的发展与你的前途息息相关，你为公司服务，公司为你创造发展的机遇，在公司成长的过程中，你也迈上了一个又一个新台阶。如果一味为了个人的利益而不安心工作，频繁跳槽，不但做不好工作，还会影响自己的形象和声誉，使用人单位对你侧目而视。

1. 好工作要珍惜，好平台要重视

工作是人们生活中不可或缺的一部分，工作不仅能让你养活自己，还能滋养你的精神世界。人的一生就是一场寻找生存意义的旅行，工作可以帮我们成就此事。因此，工作也是一种幸福，工作并快乐着更是人生的一种境界。

陈田忠生于1958年，祖籍福建。福建是个好地方，自古就是华侨汇集之地。刚从大学毕业的陈田忠如同先辈一样，怀着美好的梦想，离开故土，希望能够在离福建老家半个地球之远的罗马开始新的生活，改变整个家庭艰难生活的命运。梦想是金色的，现实往往是灰色的。初到风情之都意大利，生活毫无浪漫可言，却展示了最为严酷的一面。背井离乡，一切都陌生，一切都要适应。语言不通、环境迥异，文化的差异与震荡带来的精神困顿尚未消散，陈田忠就要为嘴巴奔波劳苦。为糊口，他在小饭馆打工，小山一样的碗碟见证了这个年轻人梦想的幻灭，粗糙的双手告诉他：这就是生活和现实。在忙碌的跑堂岁月中，他终于利用半年的时间，学会说一口流利的意大利语。有一次买菜回来的路上，他看到有家制衣厂在招人，决定去那儿碰下运气，就是在等待面试的三分钟里，一个微小的举动使他赢得了工作机会：餐馆工作的习惯让他不由自主地去打扫面试桌上的灰尘。面试官由此对他刮目相看。从这个时候起，陈田忠身上的肯干、踏实、认真上进在工作岗位中迸发出来，使他平步青云，从搬运

工到公司办公室职员，再到部门主管，常人需要四五年的时间，这个初来乍到的毛头小子两年就办到了。一时间，陈田忠的名字开始在意大利华人圈响亮起来，成为众多华侨青年学习的对象。陈田忠所在的外贸公司，从事的主要业务正是意大利最知名的服装项目，众所周知，这是全世界服装制造业顶级的地方，在这里，能了解到最新的时尚动态、最眼花缭乱的时装风格、最前沿的时装款式，眼光敏锐的陈田忠在这个行业积累了相当的人脉和经验，加上跟世界知名服装品牌阿玛尼的来料加工生意非常成功，他便开始酝酿更高更大的梦想，来到罗马将近四年后，陈田忠用自己的3000元积蓄回到家乡福建办服装厂，从此，他的人生之路开始真正地被改写。1989年，陈田忠成立了科恩投资集团和上海金田企业集团，专做国际进出口贸易，现为科恩投资集团、EEC欧文国际教育集团和上海金田企业集团董事长。

陈田忠的故事给我们的启示是：每个人都能成为成功者，只要你好好工作！约翰·洛克菲勒曾对工作做过这样的注解："工作是一个施展自己才能的舞台。我们寒窗苦读得来的知识，我们的应变力，我们的决断力，我们的适应力以及我们的协调能力都将在这样的一个舞台上得到展示。"其实，每个工作都承担着一定的社会职能，都是从业人员在社会分工中所获得的扮演角色的舞台。每个人不仅可以通过工作获取生活的物质来源，而且还能够履行自己的社会职能，获得他人的认可和尊重。

当今社会，职业竞争激烈异常，每一份工作都得之不易，因此我们要好好珍惜。找到一份好工作不容易，但如果不好好工作，再好的工作也会失去。"今天工作不努力，明天努力找工作！"这已经不是一句口号，一句标语，而是非常实际的现实。不要等到失去工作的时候，才明白努力的重要。既然已选择了一个工作，就必须做好它的全部。不管你是在做一份接线员的工作，还是身担总经理的大任，在每个工作岗位上都要好好工作。

有的员工说："我做的是最普通不过的工作，工作做得再好也看不到出路。再说，做好又谈何容易？"是的，大多数的工作岗位普通而平常，但同样可以为自己创造良好的机会。天下没有免费的午餐,任何人都要经过不懈的努力才能有所收获。收获成果的多少取决于这个人努力的程度。

有个叫李兰的女孩,在一家都市报当实习记者,却非常羞怯怕生。有一天,她的上司让她独自去采访一家公司的总经理。她心里一愣,十分害怕地说:"我能不能跟一个同事一起去呢?人家是个总经理,我一个丫头片子怎么应付得了呢?"

上司立刻拿起电话,打给这位总经理的助理,说:"您好,我是都市报的记者李兰,我想采访你们总经理,不知道他明天是否有时间接待我呢?"

对方答复后,上司说:"谢谢您,那么明天下午两点钟,我准时到。"然后转过头来,对李兰说:"你的约访安排好了。"

多年以后,李兰回想起这段经历,说:"很多事情经历了以后就会发现,其实也不过如此,是我们自己把它想象得太困难了。"

工作中,有些人抱怨"机会"与自己无缘。其实,"机会"不会自己找上门来,而是要去找去悟,去追求。机会对任何人都是公平的,关键要看我们是不是一个有心人。

机不可失,时不再来。有很多人明白这个道理,但现实中大多数人却是等到机会从身边溜走之后,才恍然大悟,如梦初醒。好工作要珍惜,好机会要重视。工作中,每一项任务都是一次机会。面对每一项任务,你首先要问的是:自己从中学到什么新的知识,积累到什么新的经验,这是不是一项挑战,自己是不是要积聚起更大的勇气,更加精力充沛地去迎接挑战?

董晨是刚刚进入职场的新员工,她刚进公司的时候,只是一名普通的文员,她每天负责的工作就是整理资料、替别的同事复印资料等,在其他同事眼里,董晨的工作不仅枯燥乏味,而且没有出头的机会。然而,董晨却依然十分珍惜自己这份来之不易的工作,她把自己的全部精力都投入到工作中。董晨经常是早来晚归,竭尽全力地将工作做好,不但做好自己的本职工作,还

经常帮助经理做一些额外工作。为此，很多同事都嘲笑董晨，说：“你真是傻，干那么多的活，只拿那么一点儿工资！”对于同事的嘲笑，董晨向来只是一笑而过。

董晨在同事们的嘲笑中，依然如故，积极地对待工作。一年之后，由于受到外界经济危机的影响，董晨所在公司的业务开始出现了大幅度的滑坡，并且公司的资金也日益紧张起来。就在此时，很多员工看到企业的困难，纷纷找到经理办公室，拿到工资就离开了。公司中的人越来越少，最后，就只剩下老板和董晨这个员工了。为了更好地挽救公司，董晨承担起了更多工作。在他们的共同努力下，公司的境况开始渐渐好转。半年之后，公司又步入了正常的运行轨道。而董晨也受到老板的重用，被提拔为公司的主管。

俗语说：“种瓜得瓜，种豆得豆。”你在企业的土壤中种下的是什么，企业就会回报给你什么。在职场中，不论我们的职位如何，哪怕只是一名普通的员工，只要我们时刻关注企业利益，并持之以恒地做好工作，那么企业就一定会为你提供丰厚的回报和广阔的发展前景。因此，作为一名员工，要将自己的全部精力和热情全部投入到工作中，通过自己的努力在工作中做出成绩，让自己在职场上脱颖而出。

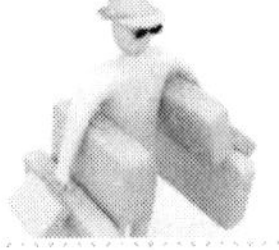

2. 树立“过门意识”，关心公司发展

工作需要一种“公司是家，我就是主人”的意识，带着这种意识去工作，才能时时刻刻替公司考虑，把公司的前途放在心上。当你为公司的发展与前途做出贡献的同时，自己的智慧和价值才能得到充分展现。如果

做不到这些,那么你永远都只能成为公司长远发展历程中的一个匆匆过客。

有这样一则笑话:小夫妻俩第一次到丈夫家探望父母。在走进院子的时候,妻子看到家里有老鼠,她过头时身后的丈夫扫了一眼,笑着说:"你们家居然有老鼠!"丈夫不语。

第二天,睡梦中的丈夫在一阵追打和轻骂声中醒来,他看见妻子手拿一根木棍边追边骂:"臭老鼠,我今天非打死你不可,你居然敢到我们家来偷!"丈夫笑了。

从"你们家"到"我们家"仅一字之差,妻子主人翁的心态十分形象地确立了。如同刚刚结婚的妻子一样,任何一个人在最初进入某家公司时,都要经历一种主人翁精神从无到有的转变。当然,并非所有人都能像故事中那位刚刚结婚的妻子一样,在短期之内迅速拥有积极自觉的主人翁精神,从而实现从"你家"到"我家"的转变。如果你愿意成为公司这个大家庭的主人,做好公司里的每一件事,并且将这种主人翁心态持之以恒地贯彻到工作中。你的进步就会越来越大,老板对你的赞赏也会越来越多,你的薪水也一定越来越高。

你不是公司的过客,公司是你的家。不管你在哪里工作,都别把自己当成过客。凡是优秀员工都有个共同特质:清楚地知道公司是个人发展的载体。在工作中,他们能够将自己当成公司的主人,处处为公司着想,为公司寻找更合适的发展道路与方向。因为他们知道为公司付出,才能带给自己相应的收益。

齐瓦勃出生在美国乡村,只受过短暂的学校教育。15 岁那年,家中一贫如洗的他到一个山村做了马夫。然而雄心勃勃的齐瓦勃无时无刻不在寻找着发展的机遇。3 年后,齐瓦勃来到钢铁大王卡内基所属的一个建筑工地打工。一踏进建筑工地,齐瓦勃就表现出了高度的自我规划和自我管理的能力。当其他人都在抱怨工作辛苦、薪水低并因此而怠工的时候,齐瓦勃却一丝不苟地工作着,并且为着以后的发展而开始自学建筑知识。一天晚上,同伴们都在闲聊,唯独齐瓦勃躲在角落里看书。那天恰巧公司经理到工地检查工作,经理看了看齐瓦勃手中的书,又

翻了翻他的笔记本，什么也没说就走了。第二天，公司经理把齐瓦勃叫到办公室，问："你学那些东西干什么？"齐瓦勃说："我想，我们公司并不缺少打工者，缺少的是既有工作经验、又有专业知识的技术人员或管理者，对吗？"经理点了点头。不久，齐瓦勃就被升任为技师。

打工者中，有些人讽刺挖苦齐瓦勃，他回答说："我不光是在为老板打工，更不单纯是为了赚钱，我是在为自己的梦想打工，为自己的远大前途打工。我们只能在认认真真的工作中不断提升自己。我要使自己工作所产生的价值，远远超过所得的薪水，只有这样我才能得到重用，才能获得发展的机遇。"抱着这样的信念，齐瓦勃一步步升到了总工程师的职位上。25岁那年，齐瓦勃做了这家建筑公司的总经理。

后来，齐瓦勃终于独自建立了属于自己的大型伯利恒钢铁公司，并创下了非凡的业绩，真正完成了他从一个打工者到创业者的飞跃，成就了自己的事业。

公司是一个集体、一个大家庭，每一个员工都是这个大家庭中的成员。在市场经济的浪潮中，公司就是船，是我们走向胜利的载体，而我们每一个员工就是这条船上的船员，当我们视公司为家，才能驶向胜利的远方，成就个人梦想。

然而在现实生活中，大多数人都会有这样的质疑：企业的真正主人是老板，而员工只是个打工的，何必关心公司的未来呢？因此，抱着这种心态的员工在工作中对领导分配的任务往往挑肥拣瘦，对报酬却斤斤计较；因为在他们看来，工作是为老板做的，认为只要不影响自己拿工资与奖金就好了。至于任务，能少干就绝对不多干，一旦遇到加班，更会找一大堆理由推辞。事实上，凡是抱着这种心态去工作的人，不仅会影响公司的业绩，还会影响自身职业生涯的发展。

克里丹是美国一家电子公司很出名的工程师。他所在的这家公司只是一个小公司，时刻面临着规模较大的比利孚电子公司的压力，处境很艰难。一天，比利孚电子公司的技术部经理邀请克里丹共进晚餐。饭桌上，这位经理对克里丹说："只要你把公司里最新产品的数据资料给我一份,我会给你很好的回报,怎么样?"

一向温和的克里丹一下子就愤怒了,"不要再说了!我的公司虽然效益不好,处境艰难,但我绝不会出卖自己的良心做这种见不得人的事,我不会答应你的任何要求的!"

"好,好,好。"这位经理见克里丹这种反应,不但没生气,反而颇为欣赏地拍了拍克里丹的肩膀,"好好好,别生气,这事当我没说过。来,干杯!"

不久,克里丹所在的公司因经营不善而破产了。克里丹失业了,可一时又很难找到工作,于是他只好在家里等待机会。可是没过几天,克里丹竟意外的接到比利孚公司总裁的电话,说是让他去一趟比利孚电子公司。

克里丹百思不得其解,不知"老对手"找他有什么事。他疑惑地来到比利孚公司,出乎他意料的是,比利孚公司的总裁热情地接待了他,并且拿出一张非常正规的大红聘书——他们要聘请克里丹做"技术部经理"!

克里丹惊呆了,他喃喃地问:"您为什么相信我呢?"总裁哈哈一笑,说:"原来的技术部经理退休了,他向我说起了那件事,并特别推荐你。小伙子,你的技术是出了名的,你的正直更是让我佩服,你是值得我信任的那种人!"

克里丹一下子明白过来了。后来,他凭着自己的技术和管理水平,成为了一名一流的职业经理人。

在职场,老板都喜欢关心企业的员工。没有哪位老板喜欢那种地上有垃圾视而不见,下了班办公室没人了不关灯就走,卫生间水龙头哗哗淌水不去关上的员工。如果员工愿意承担公司发展的责任,那么他就会获得个人成长的权利;如果员工把公司的发展看作是自己义不容辞的责任,那么他将获得更多的个人成长机会。

3. 爱公司就是爱自己，在工作中力求兢兢业业

我们是在为谁工作？我们是在为自己工作。不管你是在什么组织、什么企业做什么职位的工作，你都必须认识到，爱公司就是爱自己。

工作，表面看来你确实在为老板卖命，你辛辛苦苦为老板招揽业务，赚的钱大都落入了老板的腰包，与自己关系不大。但实际上，工作不仅为自己赚到养家糊口的薪水，还为自己积累了工作经验，工作带给你远远超过薪水以外的东西。从某种意义上来说，工作真正是为了自己。工作能够丰富我们的经验，增长我们的智慧，激发我们的潜能，这些都是让你终身受益的财富。所以，爱公司就是爱自己。

小赵和小李是很要好的朋友，两人毕业后一同进了一家企业并被分到同在一个车间里工作。但在对待工作的态度上却明显的不同。

每当下班的铃声响起，小赵总是第一个换上衣服，冲出厂房，而小李总是最后一个离开，他十分仔细地做完自己的工作，并且在车间里走一圈，看到没有问题后才离开车间。

有一天，小赵约小李一起喝酒。酒过三巡后，小李对小赵说："你一下班就走，也不管工作做没做完，让我们感到很难堪。"

"为什么？"小赵有些疑惑不解。

"你让老板认为我们不够努力。"小李说。

小赵感到很惊讶，他说："我按时上下班有什么不对？要知道，我们不过是在为老板工作。"

"是的，我们是在为老板工作，但更是为自己的梦想而工作。"小李认真地回答道。

三年后，小赵却为找一份新工作奔波着，而小李以出色的工作成为了车间主任。

在职场，不管是老板，还是普通员工，都喜欢那种把公司的事情当自己事情，把别人的事情当自己的事情来做的员工，因为只有具有这种心态的人，才是一种具有积极心态的人，即使现在他能力还不是十分突出，职位也还不是特别重要，但只有他有一种把企业的事情当自己事情的心态，就会想办法把身边的事情做好，其能力的提升，也会是迅速的，这种人，离成功还会远吗？

工作对于每个人都是公平的，你付出多少辛劳，就会收获多少硕果。刚入公司，大家都站在同一起跑线上，而不同的工作态度却有不同的结果。工作犹如在银行里储蓄，你努力工作，你就必将享受你的储蓄，获得愈来愈大的支取的权利。如果你不努力、不尽责，而只想支取，势必造成透支，透支欠下的债是早晚要还的。

当然，你也许会说，公司的事情永远是公司的事情，不是你想管就能管的。是的，没错，公司的决策权永远都在老板那里，包括人事权、财务权、决策权，这些事情当然不是你所能管的。但是，你工作的事情，包括你身边一些细小的事情，虽然小，但却无时不在考验着你的主人翁精神。是的，大的事情你管不了，不过一些微小、力所能及的一些小事，你有没有把他当成自己的事情呢？比如节约纸张；比如节约用电、用水；比如办公室的环境问题。这些事你不管也许不会有人说你什么，你管了也许会正好让领导让老板看到了，觉得你把公司的事情当成自己的事情，能够从小事做起，会得到批评和表扬。也有可能没人看到，你做了就是做了，没有什么。但这恰恰是你爱公司爱工作的具体体现。

一家汽车公司招聘管理人员，来了不少应聘者，看起来每个人都很精明能干。面试者一个个进去出来，看起来都胸有成竹。面试只有一道题：谈谈你对奉献的理解。对于这个考题，很多人都认为简单得不能再简单。然而结果出人意料，没有一个人被录取，难道这家企业成心就不想招人？

“其实，我们也很遗憾，我们很欣赏各位的才华。你们对问题的分析条理清晰、有理有据，令各位考官非常满意。但是遗憾的是，另外一道题你们都没有回答。”老板说。

大家哗然，“还有一道题？”

“对，还有一道。你们看到躺在门口的那个笤帚了吗？有人从上面跨过去，有人甚至往旁边踢了一下，但却没有一个人把它扶起来放在一边。”

“对奉献的深刻理解，远不如做一件体现奉献的小事。”老板最后说。

一个人的价值，体现在对社会、对人民的贡献。作为企业的一员，我们的人生价值，就是要体现在对企业的贡献中。如果你把公司当成自己的家，你对它的一草一物都充满着感情，你会非常珍惜这份工作，因为没有人会想离开自己的家，你会一有机会就关注公司的一切信息，时时刻刻关心企业发展，遇到什么问题立即去主动解决。当公司里所有员工都热爱企业，为企业发展出谋划策，才能与企业共荣辱，为公司的发展而欣喜。最后你也会因此受益的。

李政从国内一所知名的管理学院毕业时，有几家大公司都有接纳他的意向，最后他却决定去一家规模较小的公司做总经理助理。对这样的选择，他的有些同学表示不解：在实力强的公司工作，起点不是更高吗？干吗自讨苦吃？再说，助理的工作不就是打杂吗？说好听点儿，就是收发文件、做做记录。

几年过去了，李政从一个初出茅庐的毛头小伙成长为一家年赢利过百万元的公司老总。有一次，当别人称赞他的能力非凡时，他谦虚地说：“其实，我刚参加工作时所作的总经理助理工作使我受益匪浅。正是由于每天接触公司的各种文件、资料，才使我了解了作为一个领导的管理思路；正是记录一场场的会议过程，让我清楚了企业是如何经营、如何决策的。我做的虽然是一件件小事，但是，如果从老板的角度来看待，就能看出价值的所在。”

要想在工作中得到成长，首先要树立正确的观念——爱公司也就是爱自己。员工利益与企业利益其实是一致的，只有企业利益得到了发展，才能保证与促进员工个人利益的发展。作为员工，不仅工资和奖金要靠自己的工作业绩来换取，就连个人在企业的地位升迁、人格的提升和品行锻造也无一不是工作的结果。因此,爱公司是一种优秀的职业精神,是一种我们每个人都应该具备的敬业精神。

4.

面对诱惑,坚守自己的职业良心

企业提供的工作机会往往偏爱高度忠诚的人,而一个人要想在一家企业获得成功,首先必须是一个忠诚的人。一个人的能力是成功的资本但不是决定性因素。即使有的人自认为才华卓著,但要是没有忠诚的维系,他做起事情来也不会投入所有的精力,也不会尽心尽力、尽职尽责。因此,员工如果想在工作中有所作为,得到上司或老板的信任,忠诚是唯一的捷径。

动物王国的小狗汤姆毕业后到处找工作,忙碌了好多天,却没有一家单位录用。因此,他垂头丧气地对狗妈妈诉苦说:"没有一家公司肯录用我,我真是个废物啊。"狗妈妈不由问道:"那么,你的朋友蜜蜂、蜘蛛、百灵鸟和猫都找到工作了吗?"

汤姆说:"蜜蜂当了空姐,蜘蛛当了网络员,百灵鸟当了歌星,猫当了警察。"

狗妈妈继续问道:"还有马、绵羊、母牛和母鸡呢?"

汤姆说:"马去拉车了,绵羊做了纺织工,母牛可以产奶,母鸡会下蛋。和他们不一样,我是什么能力也没有。"

狗妈妈想了想,说:"你的确不是一匹会拉车的马,也不是一只坐下蛋的鸡,可你不是废物,你是一只能看家的狗。虽然你本领不大,可是,一颗忠诚的心就足以弥补你能力的缺陷。"

汤姆听了妈妈的话,使劲地点点头。终于,汤姆在狮子开的

一家公司找到了保安工作。由于忠心不二，很快当上了保部门经理。

秘书鹦鹉不服气，去找老板狮子理论，说：“小狗汤姆既没有高学历，也不是公司元老，凭什么给他那么高的职位呢？”

狮子回答说：“很简单，因为他对公司很忠诚。”

员工只有拥有忠诚的好品格才能赢得成功人生。员工需要依靠公司的业务平台才能发挥自己的才智，公司需要忠诚和有能力的员工，因为企业的业绩要靠忠诚的员工全力创造。工作中，上司需要对他忠心耿耿的下属，公司需要忠诚的员工，同事需要忠诚的合作伙伴。

对员工来说，忠诚就是心中始终装着企业，总是把企业的兴衰成败与自己的发展联系在一起，愿意为企业的兴旺贡献自己的力量。忠诚是市场竞争中的基本道德原则。违背忠诚原则，无论是员工还是企业都会遭受损失。相反，无论对企业还是员工，忠诚都会使其受益。

周波原是贵州省武警支队的一名班长，退伍时正值重庆嘉陵集团市场部招聘经理助理，周波前去应聘。在一系列测试申均名列前茅，可在笔试中他却交了白卷。

原来笔试中有一道题：“请写出你原单位最秘密的东西和对本公司最有价值的材料”。他写道：“我是一名退伍军人，保守军事秘密是我义不容辞的责任，请谅解。”

公司负责人看到这份“白卷”后，欣然录用了周波。公司方面认为，保守军事秘密与保守商业秘密同等重要，对原单位不忠诚，也将意味着对本公司不忠诚。交白卷就是最合格的答卷。就这样，周波被录用了！

在职场中，一个忠诚的人不仅不会失去机会，相反，忠诚还会让他赢得机会。周波的答案是最标准的答案，那就是“保守秘密是我义不容辞的责任”。其实，这家公司在选择人才的时候，一直很看重一个人是否忠诚。他们相信，一个能对自己原来公司忠诚的人也可以对自己现在的公司忠诚。这次面试，一些优秀的专业人才被无情地刷掉了，就是因为他们为获得这份工作而对原来的企业丧失了最起码的忠诚。

一个人要想跨进成功的大门，就必须有一张门票——忠诚。在企业里,忠诚不仅仅是一个人的品质问题,还会关系到公司和企业的各种利益。忠诚不仅有其道德价值,还蕴含着巨大的经济价值和社会价值。

小王是一家咨询公司的前台,对于公司机密了解得非常少。接触到的最多的信息,无非是最近谁到哪里出差了,要订什么机票;今天哪家企业要来公司访问,要订什么餐厅和宾馆,等等。她怎么也想不到,自己竟然会因为泄密而受到公司的处分。

一天,小王和朋友喝茶,朋友给她引荐了另外一位朋友,是一家研究所的研究员。席间,研究员问起小王工作的情况,并顺带问了问小王公司的情况。小王为了体现自己公司是有实力的大公司,就顺口举了几个客户作为佐证。不想言者无意,听者有心。研究员听了小王说的客户后,立刻着手查找信息,搜集关系,将小王所在公司快要签订的一个项目搅黄了,并且取而代之。

煮熟的鸭子飞了,老板自然非常生气。查找下来,发现是小王的问题,考虑到她是无意的,公司没有辞退她,而是取消了她的年终奖和工资晋升的机会。自从这件事情之后,公司迅速与全体工作人员签订了保密协议,堵上了这个缺口。

商场如战场,保守商业秘密同保守军事秘密同等重要。保守企业秘密是员工应该遵守的职业道德之一,员工要时刻绷紧这根弦,避免自己不小心而祸从口出,给企业和自己带来不必要的损失和灾难。小王的事情还不是很严重,但有些不经意的泄密,甚至使得企业破产。因为通过这些小事情,竞争对手可以顺藤摸瓜了解更多的信息,再加上其他渠道信息的佐证,竞争对手就能全面透彻地了解企业,并可能形成针对性的措施,确保自己处于不败之地。

在西门子刚进入中国的时候,一个分公司曾招了一批员工,并经过大力培训最终成为业务骨干,一时间,企业的订单不断,利润大增。分公司老板对这批骨干也是宠爱有加,嘘寒问暖,加薪宴请。他认为:只要我给你们的待遇好,还怕你们不好好干?可是好景不长,那些业务主管做了几年业务下来,脑子就“活络”了,心想:手里有现成的业务骨干和客户群,如果把这群业务骨

干挖走,做西门子产品的代理,能自己单干,那一定比在这里打工有发展。

有了这种念头,其中一个业务主管就开始偷偷地自己联系业务,为了给自己拉拢更多的客户,他给一些客户吃回扣。最严重的一次,他竟然在与外商谈判时在中间做手脚,结果导致企业损失惨重。老板知道后怒不可遏,把包括业务主管在内的这批业务人员全部炒掉。这让企业元气大伤,这个经历在分公司老板心中留下重创,阴影难消。后来他明确规定,在以后招聘员工时,一定要保证员工的忠诚度,哪怕他的知识水平差点,经验不足,这些都可以通过培训来弥补,但如果员工缺乏对企业的忠诚,即使他是天才,也要将其拒之门外。

市场竞争是激烈而残酷的,是一种你死我活的斗争,胜负往往在毫厘之间,谁拥有了对手更多的信息,了解了对手更多的资料,就更可能在竞争中知己知彼,处于相对有利的位置。在这种情况下,忠诚就是一个员工必备的职业道德。

作为一名职场中人,哪怕是离职跳槽,也要时刻为原公司保守商业秘密,如此才符合职业准则,这也是身为员工的一项基本操守。否则,最终受害的还是自己。

一个对公司缺乏忠诚的员工,执行任务时,一遇到困难就会撂挑子,即使迫于上司的压力,也会推诿拖延,并想方设法地寻找借口。更有甚者,面对巨大利益的诱惑,他会置公司的利益和职业道德于不顾,出卖公司的机密。这样的员工,即使具有非凡的能力,又有哪个公司敢重用呢?战场上的叛徒背叛他的部队,是因为忠诚不足。公司职员出卖公司机密,也是因为忠诚不足。这样的事例不胜枚举。

工作在生活方面是为了谋生,为了糊口,但也不能“有奶便是娘”,谁给钱多就为谁干。比如,在一些企业中,有些人随意带走客户关系或技术资料,跑到竞争对手那边,反过来威胁原来的企业,这不但是不道德的,甚至是违反法律的。即使一个人更换工作的时候,也不能抛弃自己的“忠诚”,而应该一如既往地对自己原先公司的秘密守口如瓶。如果一个人为了一丁点儿利益而出卖公司的话,这样的人在世界的任何角落都不会受到欢迎。甚至背叛者还会受到法律的制裁和道德谴责，以及来自良心上的不安。因为他出卖的不仅仅是公司的利益，还有他自己的尊严和人格。哪怕是从他手中获得利益的人，也会从心底对他产生鄙夷。

所以，忠诚无论对个人还是一个组织来说，都是其存在的基础和发展的根本。谁愿意同一个缺乏忠诚的人或组织打交道？缺乏忠诚，对于一个人来讲，就意味着失去立身之本。对于一个企业而言，就意味着失去客户，失去了市场。作为企业的员工，应该与企业保持一致，信守企业的秘密，坚守自己的职业道德。

5. 懂得感恩，把企业利益放在第一位

成功学家安东尼说："成功的第一步就是先存有一颗感恩之心，时时对自己的现状心存感激，同时也要对别人为你所做的一切怀有敬意和感恩之情。"

> 张姐在一家高级酒店做保洁员，她对自己的工作总是抱着一种感恩的态度，她的笑容总是让人如沐春风。一次，张姐在下班的路上，遇到了一位打听另一家酒店的外国人，她摊开地图，详细的写下了行走路线。
>
> 在外国朋友辞别道谢之际，张姐有礼貌地回应："不客气，祝你顺利地找到。"接着她又补了一句："我相信你一定会很满意那家酒店的服务，因为那儿的保洁员是我的徒弟。"
>
> "太棒了！"外国朋友高兴地笑了起来，"没想到你还有徒弟！"张姐的笑容更灿烂了："是啊，我做保洁员已经做了 15 年了，培养出好多徒弟，而且我敢保证我的每一个徒弟都是最优秀

的保洁员。”

这位外国朋友非常疑惑，于是问她：“是什么让你对自己的工作保持这样的热忱呢？”张姐笑着说：“我的工作给了我生活，给了我乐趣，所以我非常感激这份工作！”

事实证明，如果你心怀感恩，不计报酬，任劳任怨，努力工作，那么你获得的将远比付出的更多、更好，还能学到不同寻常的技能，这有助于你摆脱不利的环境，使你无往而不胜。

在职场中，员工只有懂得感恩，才能更加珍惜现在拥有的一切，才能更加谦卑地工作，才能充满激情地工作。心怀感恩的员工明白：我工作并不是因为老板让我这么做，也不是因为我这么做就能得到多少好处，只是因为我内心有着感恩之情，我应该这么去做。正是因为有了这样发自内心的驱动力，懂得感恩的员工工作起来总是那么激情四射。

用感恩的心态去工作，便不会感到倦怠与疲倦！用感恩的心对待工作，就会对企业忠心耿耿，荣辱与共。当我们怀着感恩的心去工作，我们就是在享受工作，这样以一种愉悦感恩的心态去工作，我们收获的将是意想不到的惊喜和成就。

陈焱是飞达集团供应部的部长，主管采购供应和工具库。他最常说的一句话是：“用一颗感恩的心对待工作。”陈焱刚刚升任供应部部长时，因为手里掌握着采购的大权，所以供应商们纷纷向陈焱示好，希望能把自己的产品打入飞达。有的暗送巨额现金，有的送名烟名酒，还有人请吃请喝，陈焱却都不为所动。他对供应商说：“倘若你们的产品价廉物美，我们当然要采购；假如你们的产品价高质劣，就是送座金山给我，我们也绝不会采购！”

随着陈焱的工作越做越好，领导又将管理工具总库的重任交给了他。陈焱肩负起了更繁重的工作任务和更大的压力，但是谁也没有听见他抱怨过。陈焱以更饱满的热情投入到了新的领域。此后很长一段时间里，陈焱每天都在工具库，对工具库的账、卡、物及各项管理细则都进行了全面的了解，并发现工具库的程序和制度存在着很多问题。比如有时多发了货却对不上账，有时客户为了卖多点送货量超过订单数，等等。陈焱开始了大刀阔斧的改革，有效根除了不按规定采购以及错发货、发错货等一系列弊病。有人说陈焱太实在了，不仅有油水不捞，还要多管“闲事”，尽得罪人。他说：“我还这么年轻，公司却把这么重要的工作交给我，足见对我充分信任。我有什么理由不把工作干好呢？”

是的，相比起有些“精明”的人，陈焱甚至有点儿“傻”，但他感恩的心态，却让他收获了更多——领导赏识，职位晋升，同事称赞，他也是越干越有劲，越干越快乐。

在工作中，拥有感恩的心，是一种美德。一个人是否具有一颗感恩的心，来对待他周围的事物，将决定了他发展的高度。常怀一颗感恩的心，我们距离成功就不会遥远。所以，让我们怀着感恩的心，快乐地投入工作吧。

6. 与公司一起成长，不做职场跳槽族

能与公司一起成长，是优秀员工的工作态度。同时，当今世界上很多知名的大企业都把“让员工和公司一起成长”作为自己在竞争中赢得优势的重要手段。然而，在当今这个社会，跳槽似乎已经成为一种风气蔓延开来，当这种风气蔓延到整个社会时，许多本来具有一定忠诚度的员工也受到了感染，成为职场跳槽族。他们总想着下一份工作会更好，于是就积极地寻找跳槽的机会。他们往往不懂得感恩企业，缺乏对企业最起码的忠诚，眼中只看到自己的利益。他们总是“吃着碗里的，眼却看着锅里”，“这山望着那山高”。

职场跳槽族虽然站在自己的岗位上，却不能履行自己的工作职责。这种人往往得不到企业的认可，更得不到自己事业的长远发展。作为一名员工，只有始终把企业的命运和自己的命运紧密联系在一起，时刻关注企业的利益，与企业同呼吸共命运，才能形成无坚不摧的团队，才能真正实现企业和员工的共同发展，达到一个又一个既定目标，真正取得胜利。

叶晓晓是一家通讯设备公司的高管，在该公司工作了五年。因为和新上任的老板在销售意见上有了分歧，她产生了跳槽的念头。刚开始时，这种想法很淡，但渐渐变得清晰，于是，叶晓晓把工作推给手下的李祥全权负责，自己则经常跑去外企面试。

叶晓晓觉得自己不但能胜任部门主管这样的职位，对公司经理这样职位而言，能力也绰绰有余。但是，越高的职位越是有风险的，毕竟有些困难是无法预料的。虽然叶晓晓很优秀，仍然不能顺利地被外企选中，总有更合适的人选将叶晓晓替掉。

就在叶晓晓每天一门心思地研究如何攻克外企经理这个职位时，其所在公司的老板突然把叶晓晓叫到了办公室，对她进行了谈话："你这段时间的工作一团糟，对下属的工作既不监管，也不督促，还有人说你忙着在外面找新工作，既然这样，本公司也就不方便留你了！"

就这样，叶晓晓被老板以优雅的姿势解雇了。一心想要跳槽的叶晓晓，新工作还没有找到，却先失业了，那种深深的失落与彷徨以及巨大的挫败感，使她像霜打了的茄子一样。

很多人总是不满意当下的工作，认为老板给自己的待遇不够高，给自己的职位不够好，认为与同事很难相处，便企图用跳槽来解决这些问题。可是，他们信心又不足，又不知自己到底值多少钱。既不肯辞职，又不肯踏踏实实工作，有事没事儿还投投简历，出去面试一下。

如果你想尝试这样的职场生活，就应该提前明白一个道理：脚踏两只船，两只脚会都很酸。最后的结果就是一个船都站不稳。这正应了那句话："一心不可二用。"如果二用的话，就什么也办不好。脚踏两只船，看似是多了一条退路，其实是哪条船都不稳，一不小心还可能会翻船的。一个员工缺乏忠诚度，脚踏两只船，无视公司对自己的培养，在公司最需要支持的时候离去，无疑会使公司受到直接影响，但从更深层次的角度上看，对自己的伤害更深。其实，对于员工来说，与公司一起成长才是成功之道。

李元凯是大连橡胶塑料机械股份有限公司一名年轻的机械工程师，积极进取、工作勤勉是所有人对他的评价。观念决定行为，态度决定高度。参加工作后，李元凯就第一时间向党组织递交了入党申请。在党支部的培养教育下，他注意学习和提高自身的综合素质，时刻以党员的标准严格要求自己，以新时期共产党员先进性的标准鞭策自己，不断提高自己的思想素质和业务能力，进步很快。

2006年李元凯如愿以偿地加入了中国共产党。他深深懂得：党员，代表着先进和先锋，在平时的工作中，时时刻刻处处以新时期保持共产党员先进性的具体要求鞭策自己，不断提高综合素质和业务能力。2009年下半年，在设计任务重、工期紧的情况下，为保证公司生产任务的顺利进行，李元凯和爱人商量后主动放弃了婚后休假和"十一"长假，抢进度、赶工期，为公司能够按时交货赢得了宝贵的时间，有力保障了公司工作的顺利开展。

在2010年企业发展的困难时期，李元凯积极响应公司号召，身先士卒，利用个人休息时间，加班加点，每周工作6天，甚至7天。在他积极有效的组织、协调和带动下下，所在研发二室集中设计力量，全年累计完成了97个工号300多台各类型开炼机、16个工号共计16台套压延机组的新、老产品开发、设计任务，共计实现销售收入约3亿5千万元，占公司年销售收入的一半以上。

作为产品负责人，李元凯始终坚持"品质立市、技术为先"的工作思路，潜心钻研业务，不断更新设计思路，提高产品的各项性能，使之更加符合市场发展趋势。李元凯负责开炼机产品的升级改造及开发工作。他根据市场的发展动态，不断完善产品结构，提高设备的市场竞争力，并成功打入法国米其林、德国大陆、普利司通、日本住友等国际知名公司，各项性能均很好的满

足了用户的要求，获得了用户的一致好评。为保证公司产品在市场竞争中始终处于领先地位，李元凯积极投入到新产品的开发中。在他的主持下，先后承担了 XKRS—660 双联橡胶热炼机、大型开炼机、国内首条大型 S 型四辊压的延机组、高品质胶料滤胶线、一次法低温炼胶线、三辊开炼机等多项新产品的开发任务，填补了国内多项产品空白。

基于李元凯在工作中的突出表现，2010 年他被授予 2009 年度大连市青年岗位能手称号；2012 年被大连市和辽宁省先后授予优秀共产党员称号。“荣誉属于过去，今后我将以更大的热情投入我深深热爱的这份工作中。”李元凯如是说。

这个世界不缺少能力非凡的员工，真正缺少的是能够真心爱上自己的企业，愿意与企业共命运的人。经济学家洛里·西尔弗说：“企业和员工是一个共生体，企业的成长，要依靠员工的成长来实现；员工的成长，又要依靠企业这个平台。企业兴，员工兴；企业衰，员工衰。微软是这样，IBM 是这样，沃尔玛也是这样，所有企业都是这样。”确实，微软、IBM、沃尔玛等企业能够成长为世界一流的企业，是因为始终有一批世界一流的员工在和这些企业一起奋斗，与企业共命运。

有着长久历史的联邦快递公司在成立之初，也曾经历过一段因经营失败而负债累累、举步维艰的时期，但全公司从上到下，团结一致，如总裁弗雷德就以身作则，从不退缩，才成就了现在的联邦快递。当时为了渡过难关，偿还公司的债务，让公司重新走上正轨，弗雷德做了很多现在人们看起来都非常疯狂的事——卖掉了自己的私人飞机、伪造律师签字从家庭信托基金中提取本属于他两个姐姐的钱。为了支付员工薪水，他坐飞机到赌城拉斯韦加斯赌场碰运气，没想到上天似乎也眷顾着他，他用数百美元赢回了两万七千美元，得以支付员工薪水。

为了改善经营情况，弗雷德竭尽全力招揽客户、开拓市场，他在西部开辟了 6 条航线，而且尽可能地把价格降到最低，来赢得市场，几乎是零利润。当然，如果只有弗雷德一个人孤军奋战，联邦快递也是不可能重新辉煌起来的，或许是他这种可怕的执著和意志力感动了员工，员工们把公司当成了自己的家，把复兴公司当成了自己的使命，他们与公司同舟共济，帮助公司渡过难关。当时，他们在这种主人翁精神的激励下做出了很多感动人心的举动。

有的联邦快递司机抵押了自己的手表来购买汽油；当执法官来查扣鹰式飞机时，员工们自动自发把飞机藏起来；面对公司一度达到的每天80万件额外包装件，数千名雇员自愿在午夜之前来到货仓，连夜清理堆积如山的货物。这样的团队怎么可能会有克服不了的困难呢？深受感动的弗雷德，曾经在报纸上用整整十个版面表达对员工们的感谢，并用军人的敬礼来结束这份感谢词。他说："你们的工作非常出色，你们对自己的事业具有高度的责任感。"

后来，在联邦快递步入正轨，并重新取得了更辉煌业绩以后，弗雷德自然不会忘记当时陪他一起走过的功臣，他给予了员工前所未有的丰厚物质报答，还慷慨地承诺不裁员、最高薪水、利润共享、管理人员拥有股权等，同时，用一系列培训计划为员工规划出未来发展的方向，让这些员工过上幸福的生活。

在现代企业中，员工与公司的关系，已不再是纯粹的"雇佣"关系，才能和智慧是每个人的资本，员工将这种资本运用到工作中，就能为公司创造价值。公司则应该把员工当作自己的家人，不断地提高和改善其薪酬、福利等，并不定期地为员工提供培训、旅游等，让员工切实地感觉到是在与公司一起成长。只有这样，才能使企业发展壮大起来，从而实现企业与员工双赢的目标。

因此，作为公司的一员，你的命运注定与公司休戚相关。作为公司的一员，首先你要爱你的公司。只有真正地把公司当做自己的家，为之努力，为之奋斗，才能实现你的梦想，才能成就你的事业。

7. 公司成功了，自己也就成功了

经常会有员工说：“我不是老板，企业倒闭了跟我没关系，我不会遭受损失。”一旦企业出现什么危机，他们会以最快的速度逃离企业。这类员工错误地把自己和所在的企业对立起来，错误地认为个人前途与企业前途没有关系。其实，对于每一个员工来说，当我们踏入企业之后，我们就不是企业的过客，而是企业中的一员。只有肩负起和企业同命运的职责，与企业一同成长，才能在工作中赢得企业的赏识和重用，从而成就自己的事业！

毫无疑问，企业是老板的，但是企业一经产生，就不仅仅是老板的，而是企业全体人员共有的。老板不可能靠自己运转一个企业，他需要聘请一定数量的员工，与他一起，使得企业顺利运转，赢得市场，获得利润。员工则通过企业这个平台，提供自己的努力，获得报酬，赢得成长。老板通过企业实现梦想，员工也通过企业实现梦想。企业是双方实现自己梦想的共同平台，老板和员工的利益由此也在企业中得到统一和融合。从这个角度来说，公司成功了，员工也就成功了。

我们可以看到，老板和员工之间的利益存在两个层面的关系，首先是通过企业这个平台，一起将蛋糕做大，赢得更大的市场份额。其次是对获得的蛋糕进行分配。在第一个层面，老板和员工之间的利益是共同的，只有双方合力，才能获得更大的市场回报，将更多的“猎物带回家”。在第二个层面，老板和员工之间的利益出现了分歧，甚至是对立，因为在利益数额确定的情况下，老板拿多了，员工就会少。老板和员工之间的利益是一种此消彼长的关系，这是毫无疑问的。不过，这只是一种静止的思维。动态的思维是，如果蛋糕做大了，不论是老板和员工，能够获取的就都更多了。

杨元庆现在是跨国企业联想集团的CEO,年薪数千万元。在刚毕业的几年,杨元庆的同学出国的出国,提干的提干,而自己所在的联想公司,是一家集体企业,在市场上并不像现在这样威名远扬。当时,杨元庆也动了出国的念头,只是因为柳传志的竭力劝说,杨元庆才安心地留在了联想公司。

留在联想公司的杨元庆,被柳传志委以掌管联想微机事业部的重任。当时的联想计算机在中国市场的排名在十名开外。杨元庆带领事业部的人员,改造销售体系,推出适合市场需要的产品,以价格开路,使得联想公司的计算机迅速成长为中国计算机市场的第一品牌。在2005年,联想收购IBM的个人计算机业务,成为一家全球性的跨国企业。

随着联想的成长,杨元庆也同步成长,不论是社会地位还是收入,都是他以前的同学所不能比拟的。联想和杨元庆的关系,是一种水涨船高的关系,这也正是企业和企业员工的关系。

可见,与企业一同成长要求员工必须有长期服务于企业的意愿,有与企业共进退的决心。只有与企业同患难,才可能与企业同成长。在企业困难的时候当“逃兵”自然也就无法享受最终的成果。这些在企业最困难的时候,不当“逃兵”的员工是值得我们学习的榜样。他们把自己当成公司的主人,在公司出现危机的时候积极行动,去抢救和保护它。当然,与企业一同成长,也让他们享受到企业给自身带来的利益。企业好了,大家获得更多的收益。大家努力了,企业获得更大的业绩。两者之间相互促进,相互成就。

一句话,企业和员工是密不可分的,企业利益和员工个人利益也是高度统一的,它们一损俱损,一荣俱荣。在任何一个企业,任何时候,员工都不能做一个旁观者,而是要有主人翁意识,树立“与企业一同成长”的思想。个人的发展依托于公司这个大的土壤环境以及领导的栽培。不管你是公司的领导,还是一名普通的职员,都应怀揣着梦想,与公司站在向一条战线上,把自己的成长和公司的经营联系在一起,并不断地付出努力,就一定可以在为公司创造价值的同时实现自己的个人理想。公司和员工是一个共生体,公司的成长,通过员工的成长来实现;员工的成长,又要依

靠公司这个平台。

刘爱莲1997年刚刚进入浪莎集团时，还是个刚走出大学校门的小姑娘，当时的“浪莎”也只是一个刚起步两年的袜厂；2005年，刘爱莲已是公司技术中心总监，一名自信干练充满知性美的成熟女子，而“浪莎”也已发展为誉满全国乃至在世界针织行业都享有盛名的集团公司。

刘爱莲老家江西赣州，毕业于赣南师范学院，大学毕业的刘爱莲放弃了更安逸的选择，义无反顾地来到义乌。当初，刘爱莲与一些外出打工的同学过年聚会时，同学们眉飞色舞地说起义乌，这让刘爱莲隐隐地在心里埋下了对这个城市的一份向往。

刘爱莲说，现在的她心里装得满满的，都是多年来开开心心、认真努力工作并且不断获得成长的欣喜之情。“刚到义乌的时候还是有些浮躁的！”刘爱莲多年好友———现在“升任”她未婚夫的刘首乾抖出了刘爱莲的“老底”。他说，当时的刘爱莲心里不是没有波动的，义乌是个小城市，当时的“浪莎”也仅仅是一个民营小袜厂，她同学中有在家乡找一份稳定工作的，也有到大城市闯荡的，而她凭着少时埋藏在心中的向往，来到义乌当了袜厂的一名车间主任。

刘爱莲做事情讲究两个“度”：速度和态度。大学里她学的是数学专业，对针织行业可以说是一窍不通。车间主任总不能啥都不懂吧？很快，刘爱莲经过认真观察，耐心向车工、前辈请教，对袜子生产的原料、机械、产品等有了较为全面的认识，把车间生产管理得井井有条，袜子生产的质量和效率都有很大的提高。

“‘浪莎’如同我的家，我把‘浪莎’的发展当作我的事业！”刘爱莲说。她告诉记者，义乌、“浪莎”为她提供了施展才华的好舞台，企业主不仅在工作上给予她最大的肯定和信任，在生活中也是把她当作家人，经常嘘寒问暖地关心她。一年后，刘爱莲就被提拔到生产部经理的岗位上。“这对我来说是很重要的一步！”刘爱莲说，这一提，让她感到自己默默的努力原来企业主都看在眼里，这种信任一下子点燃了她心里干事业的热情。也是在这个岗位上，刘爱莲既管生产又管技术，什么都留心，不懂的就学，慢慢地真正从一个门外汉变成了针织行业的小“专家”。

这些年刘爱莲率领的研发中心研发的新产品获得了多项省级新产品、火炬计划产品奖，并与东华大学、浙江大学等院校建立了长期的合作关系，开发出了甲壳质天然抗菌袜、玉米纤维袜、蛹蚕白袜等200多项高科技产品，为企业发展提供了强大的技术支持。

“多年来，我每一天都在成长！”刘爱莲对当年的选择，她从来没有觉得后悔。她目睹了当年的小袜厂一步步成为今天的集团公司，她感受着八年前老厂区周围的荒凉和今天的繁华，她和众多的外来建设者们见证了义乌蜕变成一个国际知名的商贸城市；而她也早已从一个生涩的小姑娘，变成干练果断、落落大方，深受领导喜爱同事尊重的能干女子。

个人利益和公司利益是一致的。这是一个显而易见的道理。我们要认识到：一个人无论有多大本领，都不能靠一己之力成就一番事业，员工和公司之间的关系，永远都是公司成就员工，而不是员工成就公司。我们看似在为公司打工，实际上是在为自己工作。公司成功了，自己也就成功了。

我靠公司生存，公司靠我发展。这就如天平的两端，一方是公司，一方是员工，要保持天平的平衡，必须达到两方的和谐与统一。可以说，作为一名优秀的员工，你的存在会使公司更强，公司的发展也会让你的前途更美好！

附　录

职业测试题

(1)你最适合哪一行

从心理学讲，选择一个适合自己的职业，要涉及性格、气质、兴趣、能力、教育状况等许多方面。以下两组 20 个题，只要在题后回答“是”或“否”，你就会了解自己的性格并能得知自己适合干哪一行。

第一组

1. 从我的性格来说，我喜欢同年轻人在一起，而不喜欢跟同年龄大一些地在一起。

2. 当别人向我求助，请求我帮助的时候，我总是会很乐意地去帮忙。

3. 我做事情考虑比较多的是速度和数量问题，不会费工夫在事情上“精雕细琢”。

4. 我理想中的丈夫或者妻子，应该要具与众不同的见解，思想要非常活跃。

5. 我害怕孤单，不喜欢独处，总希望跟大伙在一起。

6. 我喜欢挑战“新概念”，例如新环境、新旅游点、新朋友等。

7. 对于不良的生活习惯，我会很注意去改变，好让自己有一些充裕的时间。

8. 我最喜欢的课程，是语文课。

9. 我不喜欢那些零散、琐碎的事情。

10. 我进入招聘职员经理室，经理抬头瞅了我一眼，说声“请坐”，然后就埋头阅读他的文件不再理我，可我一看旁边并没有座位，这时我没站在那里等，而是悄悄搬来个椅子坐下等经理说话。

第二组

11. 我最喜欢的课程，是数学课。

12. 我书写整齐清楚，很少写错别字。

13. 我喜欢读议论文、小品文或散文，就是不喜欢读长篇小说。

14. 我看了一场电影、戏剧后，喜欢独自思考其内容，而不喜欢与人一起谈论。

15. 墙上的画挂歪了，我看着不舒服，总要想法将它扶正。

16. 业余时间我爱做智力测验、智力游戏一类题目。

17. 做事情愿做得精益求精。

18. 收录机、电视机出了故障，我喜爱自己动手摆弄、修理。

19. 我能控制经济开支，很少有“月初松、月底空”的现象。

20. 我对一般服装的评价是看它的设计而不大关心它是否流行。

评分方法：

从第一题开始答题，然后算出两组各有几个“是”。比较两组答案：第一组中答“是”比第二组多为A；第二组中答“是”比第一组多为B；如果两组回答“是”相等为C。

结果分析：

A. 你最大长处是思想活跃，善于与人交往。你喜欢让别人去实现你的想法，或者与大家共同去实现，适合你的职业是记者、演员、导游、推销员、采购员、服务员、节目主持人、人事干部、广告宣传人员等。

B. 你具有耐心、谨慎、刻苦钻研的品质，是个稳重的人。适宜于选择编辑、律师、医生、技术人员、工程师、会计师、科学工作等职业。

C. 你具备AB两类型人的长处，不仅能独立思考，也能维持、处理良好的人际关系。供你选择的职业包括教师、教练、护士、秘书、美容师、理发师、公务员、心理咨询员、各类管理人员等。

(2)乘出租车看是否适合跳槽

你和同伴共四人一同搭乘计程车，你会选择坐在车上的哪一个位置？

a、司机旁的副驾驶座上。

b、后排靠右边车门的座位。

c、后排中间的位置。

d、后排靠左边车门的位置。

选择 a 的人

即使你想跳槽换工作，你也会遭到现在公司的挽留。你在工作岗位上，是位很会照顾他人，并且受大家信赖的人，你是一个敬业的员工也是领导适合的好帮手。在现在的公司，你实际上担任着相当重要的角色，例如。辅佐一位有能力的经理，且受其重用等。若没有你，出纳的计算或经费的预估等业务将可能弄得一团混乱。以现在的工作状况来说，你辞职的话也十分麻烦。因此，当你透露了想换工作之意时，上司一定会挽留你。这样看来，你可以说是想跳槽非常困难的人。若能继续待在现在的公司，薪水日后定会渐渐的调涨，并且获得同事们的信赖，不过这些也许有些无聊。以你的能力，任何的公司都会想要重用你，可是按照现在的状况来看，实在有些可惜。

选择 b 的人

在你有换工作之意之前，便会有别的公司来邀请你过去工作的事发生。在工作岗位上，你做事十分利落，连后辈也常会来请教你关于私人或工作上的问题。也可说，你在工作岗位上是担任决断的岗位。你的工作能力、人格等，在别的公司已有评论了。说不准已有人在暗中调查你了，所以会很意外地碰到有公司表示想要网罗你的情况，当然，薪资待遇一定会比以前的条件好得多，而这些条件放在跟前，换不换工作也全在你的一念之间。有能力的人才，走到哪里都受到欢迎。与中途加入的这些不利的条件无关，你必须将被人挖墙脚当作是一种光荣，这样，自己的能力才会获得更高的赏识。

选择 c 的人

你是不是当上司转变公司时，会"顺便"一起跟了过去？你是十分认真工作的员工，但是偏偏在紧要关头时，却优柔寡断了起来，无法做个决断，也可以说，你是属于随波逐流的类型。当你看到周围的人换工作时，内心就无法平静下来，你会担心到最后只剩下自己还留在原来的单位，但是，你又不会积极地找寻新的公司。这时，如果直属的上司也要换工作了，而这个上司提出"跟我一起走好吗？"你就会跟着换工作了。你原本就没有出头拔草的能力,转新上任的上司,也只能是你上司的“附议者”。你常常是跟着有能力的上司,却总是保持这种优柔寡断的个性。当然,不只是在工作上、你在私人方面,这样个性也将一直扯着你的后腿。

选择 d 的人

你对现在的公司十分满意,没有考虑过要换工作。在工作岗位上受到众人的百般爱戴,属于非常稳重的类型。或许是你的容貌、性格,或许是有重要的门路关系,总之,也不知道是什么理由,你在工作岗位上都会受到百般的奉承。工作愉快,下班后的约会又不断,薪水也相当高,在现在公司的三个有利条件,对你来说是百分之百满意的情况。如此舒适的公司,不是到处都找到的.所以你应该不会想换工作。但是,现实却是无情的,当你受奉承的原因失去时,大家的态度会有 180 度的转变。这样一来,你就像失去玉玺的皇帝一样,没有玉玺的皇帝只是普通的百姓而已。为了不变成“普通百姓”,你就必须让自己增长实力才行。